BIMBase
三维建模与案例应用

主 编 段 羽 刘玉珍 韩风毅 丁 勇
副主编 刘欣伟 李 莹 李一楠 刘锡庭 白志超

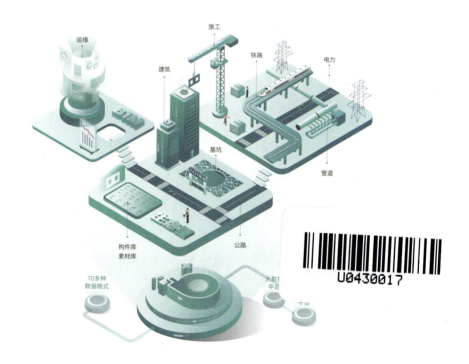

清华大学出版社
北京

内 容 简 介

本教材为基于国产自主化软件平台 BIMBase 建模软件（含 Pro+Lite）与 PKPM-BIM 软件三维建模与应用类的教材。该教材的编写定位在满足普通高等学校教学需求上，力求通过国产自主化软件平台深入讲解结构、建筑、水、暖、电、异形构件、装配式建筑构件的 LOD350 以上精度建模方法。

本书共 8 章内容，第 1 章从 BIM 技术概念、特点及发展形势展开剖析；第 2 章重点介绍了国产自主化软件平台 BIMBase 的发展、优势及解决"卡脖子"问题的能力与案例；第 3 章介绍了 BIMBase 平台的基础功能；第 4~8 章以 BIMBase 平台衍生的 PKPM-BIM 软件为基本工具，结合案例工程，以施工工艺流程为切入点，深入讲解了建筑、结构、机电工程、装配式工程的建模方法。

本教材适用于本科院校及高职院校土木工程、智能建造、水利水电工程、建筑学、城市地下空间工程、工程管理、工程造价、建筑环境与能源应用工程、建筑电气与智能化工程、给排水科学等"大土木、大工程"行业领域相关专业，为 BIM 技术基础建模类相关课程与实训环节开展国产自主化软件代替国外软件教学的必要教材。本教材同时也可作为建筑行业管理人员和技术人员的学习参考用书，以及 BIM 相关培训用书。

版权所有，侵权必究。举报：010-62782989，beiqinquan@tup.tsinghua.edu.cn。

图书在版编目 (CIP) 数据

BIMBase三维建模与案例应用 / 段羽等主编. -- 北京：清华大学出版社, 2024.11. -- ISBN 978-7-302-67589-1

Ⅰ.TU201.4

中国国家版本馆CIP数据核字第202494J5C7号

责任编辑：秦　娜
封面设计：陈国熙
责任校对：欧　洋
责任印制：宋　林

出版发行：清华大学出版社
网　　址：https://www.tup.com.cn，https://www.wqxuetang.com
地　　址：北京清华大学学研大厦 A 座
邮　　编：100084
社 总 机：010-83470000
邮　　购：010-62786544
投稿与读者服务：010-62776969，c-service@tup.tsinghua.edu.cn
质量反馈：010-62772015，zhiliang@tup.tsinghua.edu.cn
印 装 者：小森印刷（北京）有限公司
经　　销：全国新华书店
开　　本：185mm×260mm　　印　张：20.25　　字　数：493 千字
版　　次：2024 年 12 月第 1 版　　印　次：2024 年 12 月第 1 次印刷
定　　价：79.80 元

产品编号：109704-01

编 委 会

（排名不分先后，按姓氏笔画排序）

丁　峰：浙江省二建建设集团有限公司
王　铁：吉林电子信息职业技术学院
方光秀：延边大学
邓　林：四川建筑职业技术学院
甘荣飞：吉林安装集团股份有限公司
代尊龙：中水东北勘测设计研究有限责任公司
吕　忠：安徽工业大学
吕哲琦：吉林建筑科技学院
任楠楠：吉林水利电力职业学院
刘　喆：吉林建筑大学
刘　镇：大连职业技术学院
刘尧遥：中国市政工程东北设计研究总院有限公司
刘新月：辽宁建筑职业学院
孙庆巍：辽宁工程技术大学
严小丽：上海工程技术大学
杜云峰：长春昆仑建设股份有限公司
李　韧：辽宁工业大学
杨　楠：沈阳城市建设学院
吴　戈：中建四局安装工程有限公司
吴　岩：哈尔滨职业技术大学
张　悦：长春设备工艺研究所
张玉琢：沈阳建筑大学
陈平平：辽源职业技术学院
范　鹤：沈阳工业大学
徐　智：哈尔滨远东理工学院
高华国：辽宁科技大学
郭　伟：天津城建大学
蒋宇楠：黑龙江职业学院
曾开发：福建晨曦信息科技集团股份有限公司
富　源：长春建筑学院
戴成元：桂林理工大学
楚仲国：北京构力科技有限公司
逄　迪：中国建筑一局（集团）有限公司

序 一

当今,建筑行业正处于数字化转型的关键时期,国家政策的强力支持为这一进程提供了坚实的基础。建筑信息模型(BIM)作为推动行业革新的核心技术,已成为实现智能建造、提升行业效率和降低成本的关键工具。伴随国家在"十四五"规划中明确提出数字化转型与创新驱动战略,BIM技术的普及不仅是技术发展的要求,更是国家战略实施的关键。

国产自主化BIM平台的崛起,正体现了我国在技术创新上的自信与突破。BIMBase平台作为国内领先的BIM建模软件,解决了许多长期困扰行业的技术瓶颈,特别是在精细化建模和工程协同方面,展现出了极大的优势。这不仅是技术的进步,更是对我国建筑行业数字化转型的有力推动。

本教材在这一背景下应运而生,系统阐述了BIMBase平台在建筑、结构、机电等领域的深度应用。教材以实例为基础,结合BIM技术的前沿发展,深入剖析了数字化建模的核心方法与应用路径,为高等院校及行业技术人员提供了系统的学习与实践指南。

作为推动我国建筑行业创新发展的重要力量,BIMBase的应用不仅提升了行业的技术自主性,更为建筑行业的高质量发展提供了重要支撑。教材的出版,将为我国建筑行业培养更多的数字化、智能化人才,为我国在全球建筑行业的竞争中占据战略制高点提供源源不断的人才动力。

中国建筑科学研究院有限公司首席科学家
北京构力科技有限公司董事长

序 二

在当前全球建筑行业迈向数字化与智能化的背景下,建筑信息模型(BIM)技术的出现无疑成为了行业革新的关键力量。BIM 不仅重塑了建筑行业的设计、施工和运维方式,更推动了全生命周期的精细化管理,真正实现了从二维平面思维到多维数据协同管理的跨越式发展。作为 BIM 技术的坚定推动者和践行者,我亲身见证了这一技术在中国建筑行业中的崛起与广泛应用,深知它所承载的技术潜力和行业价值。

本教材所依托的 BIMBase 平台是中国建筑科学研究院旗下北京构力科技有限公司历经多年的技术积淀,自主研发的集成性平台。这一平台不仅代表了我国建筑行业的技术创新巅峰,更成功填补了多年来依赖国外 BIM 软件的技术空白。BIMBase 以其卓越的几何引擎、数据协同与集成能力,实现了建筑、结构、机电、装配式建筑等多个领域的全面覆盖。它通过全生命周期的数据集成管理,为建筑项目的精确设计、科学施工、节能减排,以及后期运维提供了有力支持。可以说,BIMBase 已经成为中国建筑行业迈向国际技术高地的标志性平台。

本教材的出版无疑将对我国 BIM 技术的普及与深化应用起到至关重要的推动作用。它不仅为高校和研究机构的学生提供了系统化的教学参考,更为建筑行业的技术人员提供了实践操作的权威指南。本教材所涵盖的内容无论从广度还是深度上,都是当前 BIM 技术教材中的佼佼者,它所带来的不仅仅是知识的传递,更是一种对未来建筑行业发展方向的深刻启示。

如今,建筑行业正面临着从传统工艺向现代数字化转型的巨大挑战与机遇。BIM 技术作为数字化转型的核心力量,必将继续在行业中发挥其不可替代的作用。而本教材的出版,无疑为这一转型提供了坚实的理论与技术支撑。我坚信,本教材的问世将极大促进 BIM 技术在中国建筑行业的广泛应用,推动行业向着更加精细化、智能化和可持续发展的方向迈进。

中国建筑科学研究院中建研科技股份有限公司 副总工程师
北京构力科技有限公司 BIM 总监

前　言

在当今建筑行业中，以建筑信息模型（BIM）为代表的数字化技术正逐步从"概念探索"阶段迈向"价值创造"阶段。随着数字孪生、物联网、云计算、人工智能等新兴技术的飞速发展，建筑业正在经历一场深刻的技术革命。BIM 技术不仅仅是建筑项目中的工具，更是建筑业数据驱动转型的核心"数据仓库"，通过将建筑的设计、施工、运维等环节中的信息高效集成和协同，为行业带来降本增效的深远影响。

党的二十大报告中明确提出，要"加快实施创新驱动发展战略"，并强调要推动建筑业实现数字化、智能化转型，以增强建筑业的创新能力和全球竞争力。尤其是在现代化基础设施建设中，BIM 技术与大数据、AI 等新兴技术的融合，正逐步推动建筑行业从传统模式向全生命周期的数字化管理模式转变。BIM 不仅仅是三维建模的工具，它还通过与物联网、AI 等技术的深度结合，赋能建筑全产业链，实现从设计到运维的精细化管理与控制。

作为国家科技自立自强的关键举措之一，BIMBase 平台由中国建筑科学研究院旗下的北京构力科技有限公司自主研发，依托多年科研积累和实际应用经验，已经成为国内 BIM 技术的代表性产品。BIMBase 平台通过其先进的几何引擎、协同引擎和数据集成技术，实现了高精度建模、精细化管理和跨专业协同作业的深度融合，全面支持建筑、结构、机电、装配式建筑等多领域工程的设计、施工和运维。BIMBase 不仅突破了我国建筑业对国外 BIM 软件的依赖，还广泛应用于重大基础设施建设项目中，极大地提高了项目的效率和质量。

此外，BIMBase 与 PKPM-BIM 系统形成的协同解决方案，已在国内多个大型项目中得到应用和验证。这一解决方案涵盖从设计、施工到运维的全生命周期管理，结合了数字化建模、智能化施工以及实时监控等功能，极大地提高了工程项目的协同效率。通过与 AI、物联网、云计算的深度整合，BIMBase 不仅能够提高建模精度，还能够通过数据分析和预测优化施工过程中的资源配置和成本控制。

在"十四五"规划和党的二十大精神的指引下，国家大力推进建筑业的智能化和绿色化转型。到 2025 年，BIM 技术的标准体系将基本形成，建筑业将实现从单一工具向智能化、集成化平台的全面升级。BIM 技术不仅用于设计和施工，还将在城市信息模型（CIM）平台的构建中发挥重要作用，推动智慧城市和数字化基础设施的建设。

本书旨在结合 BIMBase 平台，系统介绍 BIM 技术在建筑、结构、机电、装配式建筑等领域的实际应用，通过大量真实案例分析，帮助读者掌握 BIM 技术在全生命周期中的应用方法与最佳实践。随着国家创新驱动发展战略的推进，本书将为建筑业培养具有全球竞争力的 BIM 技术人才，为推动中国建筑业的高质量发展提供强有力的技术支撑。

本教材由段羽、刘玉珍、韩风毅、丁勇担任主编；刘欣伟、李莹、李一楠、刘锡庭、白志超担任副主编。全书文字编写工作由长春工程学院段羽、刘玉珍、韩风毅三位老师完成，其中段羽负责第 3~5 章的编写工作，总计 23.16 万字；刘玉珍负责第 1~2 章、第 7 章的编写工作，总计 6.48 万字；韩风毅负责第 6、8 章的编写工作，总计 16.56 万字。案例支持及行业技术指导分别由北京构力科技有限公司丁勇，吉林省吉规城市建筑设计有限责任公司刘欣伟、李一楠、刘锡庭，吉林省建设集团有限公司白志超五位行业顶尖专家承担。全书的校核与编审工作由长春工程学院李莹负责。全书最终由段羽最后负责统稿，由吉林省吉规城市建筑设计有限责任公司刘锡庭对书稿进行了审阅。

本教材配备了大量的线上教学资源，请感兴趣的读者扫锚下方二维码进入"构力学堂"学习。本教材讲授案例所配备的图纸可扫描下方二维码下载。

构力学堂视频资源

案例图纸

本教材在编写过程中参考了大量的相关文献，借鉴了北京构力科技有限公司企业资料及相关软件指导书，在此谨向这些文献和资料的作者表示衷心的感谢。由于作者水平有限，加之时间仓促，教材中不足、疏漏之处在所难免，衷心希望广大读者批评指正。

编者

2024 年 9 月于长春

目 录

第1章 BIM 基础   1
  章引   1
  1.1 BIM 技术概述   2
    1.1.1 BIM 技术概念   2
    1.1.2 BIM 技术常用术语   2
  1.2 BIM 技术特点   3
    1.2.1 三维层级特点   3
    1.2.2 数据层级特点   4
  1.3 BIM 技术国内外发展   4
    1.3.1 BIM 技术在国外的应用与发展现状   4
    1.3.2 BIM 技术在国内的应用与发展现状   5

第2章 BIM 应用软件   7
  章引   7
  2.1 BIMBase 介绍   8
  2.2 BIMBase 应用与发展现状   9
  2.3 BIMBase 建模软件工程应用   11
    2.3.1 建筑   14
    2.3.2 电力   15
    2.3.3 交通   17
    2.3.4 化工   18

第3章 基本建模   23
  章引   23
  3.1 BIMBase 软件操作基础介绍   24
    3.1.1 运行环境   24
    3.1.2 启动界面   24
    3.1.3 用户操作界面   26
  3.2 通用操作   34
  3.3 编辑环境   41
    3.3.1 临时坐标系   41
    3.3.2 交互机制   42
  3.4 图元建模   43
    3.4.1 图形   43
    3.4.2 线编辑   49
    3.4.3 平面   52
    3.4.4 实体   54
    3.4.5 造型   56
    3.4.6 布尔运算   61

第4章 结构专业建模   63
  章引   63
  4.1 基本建模操作   64
    4.1.1 参照图纸管理   64
    4.1.2 创建标准层   66
    4.1.3 绘制轴网   67
    4.1.4 轴网识别建模   69
  4.2 结构柱建模   70
    4.2.1 结构柱绘制   70
    4.2.2 结构柱识别建模   74
  4.3 结构梁建模   75
    4.3.1 结构梁绘制   75
    4.3.2 斜杆（斜梁）绘制   78
    4.3.3 布置梁加腋   81
    4.3.4 梁识别建模   82

4.4	结构板建模	85		5.3.2 复合材料管理器	139
	4.4.1 结构板绘制	85		5.3.3 复合结构墙体绘制	141
	4.4.2 悬挑板绘制	88		5.3.4 常用设置集	141
4.5	结构墙体建模	89	5.4	建筑门、窗、洞口绘制方法	142
	4.5.1 结构墙绘制	89		5.4.1 创建门、窗	142
	4.5.2 结构墙识别建模	93		5.4.2 编辑门、窗	145
4.6	结构楼梯建模	94		5.4.3 创建自定义门、窗	146
4.7	洞口建模	96		5.4.4 创建洞口	148
	4.7.1 墙洞绘制方法	96		5.4.5 编辑洞口	149
	4.7.2 板洞绘制方法	97	5.5	建筑楼梯、台阶、坡道与栏杆扶手基本操作	149
4.8	楼层管理	100		5.5.1 创建楼梯	149
	4.8.1 楼层组装	100		5.5.2 环境外编辑楼梯	152
	4.8.2 全楼信息	101		5.5.3 环境内编辑楼梯	154
	4.8.3 全楼移动	101		5.5.4 台阶创建与编辑	155
	4.8.4 楼层复制	102		5.5.5 坡道创建与编辑	156
	4.8.5 局部复制	102		5.5.6 栏杆创建与编辑	157
4.9	结构基础建模	103	5.6	幕墙绘制方法	159
	4.9.1 独立基础绘制	103		5.6.1 创建幕墙	159
	4.9.2 筏板基础绘制	106		5.6.2 幕墙编辑环境	161
	4.9.3 地基梁绘制	107	5.7	建筑板/屋顶绘制方法	164
	4.9.4 柱墩绘制	109		5.7.1 建筑板创建与编辑	164
	4.9.5 桩基绘制	110		5.7.2 屋顶创建与编辑	166
	4.9.6 桩基承台绘制	111	5.8	建筑专业其他操作命令	169
4.10	结构钢筋绘制方法	113		5.8.1 房间创建与编辑	169
4.11	结构专业其他操作命令	116		5.8.2 场地创建与编辑	171
	4.11.1 测量工具	116		5.8.3 用地控制线创建与编辑	172
	4.11.2 构件参数	118		5.8.4 立面图与剖面图	174
	4.11.3 构件显示	122	5.9	建筑素材库	178

第 5 章 建筑专业建模 125

章引 125

5.1	建筑专业建模前准备	126
	5.1.1 建筑楼层设置与调整	126
	5.1.2 轴网设置与调整	129
5.2	建筑基本墙体绘制方法	131
	5.2.1 创建墙体	132
	5.2.2 墙体属性修改	133
5.3	建筑复合结构墙体绘制方法	137
	5.3.1 材料设置	137

第 6 章 机电专业建模 183

章引 183

6.1	暖通系统绘制方法	184
	6.1.1 暖通专业工程设置	184
	6.1.2 楼层设置	188
	6.1.3 空调风系统	191
	6.1.4 空调水系统	196
	6.1.5 采暖系统	201
	6.1.6 设备及附件布置	205

6.2	给排水系统绘制方法	209	
	6.2.1 给排水专业工程设置	209	
	6.2.2 管道建模	212	
	6.2.3 设备布置与连接	222	
6.3	电气系统绘制方法	224	
	6.3.1 电气专业工程设置	224	
	6.3.2 线管/桥架绘制	226	
	6.3.3 灯具布置	232	
	6.3.4 弱电系统设备	235	
	6.3.5 开关/插座/接线盒	236	
	6.3.6 变配电设备绘制	237	
	6.3.7 设备连接	238	
6.4	机电设备库、洁具库	241	
	6.4.1 设备库	241	
	6.4.2 洁具库	243	
6.5	模型编辑	244	

第 7 章　案例化应用　247

章引　247
- 7.1 合并工程　248
- 7.2 模型标注　249
  - 7.2.1 建筑/结构专业注释　249
  - 7.2.2 机电标注　252
- 7.3 清单　253
- 7.4 出图流程　254
  - 7.4.1 视图调整　254
  - 7.4.2 通用图纸　257
- 7.5 碰撞检查　260

第 8 章　装配式应用简述　261

章引　261
- 8.1 预制构件指定　262
- 8.2 板类构件应用　263
  - 8.2.1 楼板拆分设计　263
  - 8.2.2 楼板配筋设计　265
  - 8.2.3 楼板附件设计　272
- 8.3 墙类构件应用　273
  - 8.3.1 墙拆分与修改　273
  - 8.3.2 墙配筋设计　281
  - 8.3.3 墙附件设计　290
- 8.4 梁柱构件应用　292
  - 8.4.1 梁拆分　292
  - 8.4.2 柱拆分　294
  - 8.4.3 梁柱配筋设计　295
  - 8.4.4 梁附件设计　295
  - 8.4.5 柱附件设计　296
- 8.5 预留预埋　298
  - 8.5.1 孔洞布置　298
  - 8.5.2 附件布置　300
  - 8.5.3 线盒相关埋件　301
- 8.6 施工设计　301
  - 8.6.1 墙支撑体系　302
  - 8.6.2 支撑库　302
  - 8.6.3 碰撞检查　303
- 8.7 图纸清单　304
  - 8.7.1 编号　304
  - 8.7.2 图纸生成　306
  - 8.7.3 算量统计　308
  - 8.7.4 计算书　309

第 1 章

BIM 基础

▶ 章 引

BIM 技术作为现代建筑行业发展的重要工具，已在全球范围内得到了广泛应用，并取得显著成果。本章旨在介绍 BIM 技术的概念、特点及其在建筑、电力、交通和高等教育等领域的应用现状与发展趋势。通过详细的案例分析和数据展示，读者将了解 BIM 技术如何提升项目设计效率、优化施工流程、降低成本及风险。本章将引领读者深入探索 BIMBase 国产自研平台在促进 BIM 技术国产化方面的作用，以及 BIM 技术与大数据、人工智能和云计算等先进技术的融合应用。希望通过本章的内容，读者能够全面了解 BIM 技术的实际应用成果和发展前景，提升在相关领域的专业水平和创新能力。

1.1 BIM 技术概述

1.1.1 BIM 技术概念

BIM 技术是一种多维（三维空间、四维时间、五维成本、N 维更多应用）模型信息集成技术，可以使建设项目的所有参与方（包括政府主管部门、业主、设计、施工、监理、造价、运营管理、项目用户等）在项目从概念产生到完成的整个生命周期内能够在模型中操作信息和在信息中操作模型，从而在根本上改变从业人员依靠图纸进行项目建设和运营管理的工作方式，在建设项目全生命周期内提高工作效率和质量，减少错误和风险。

BIM 的含义总结为以下三点：

（1）BIM 是以三维数字技术为基础，集成了建筑工程项目各种相关信息的工程数据模型，是对工程项目设施实体与功能特性的数字化表达。

（2）BIM 是一个完善的信息模型，能够连接建筑项目生命期不同阶段的数据、过程和资源，是对工程对象的完整描述，提供可自动计算、查询、组合拆分的实时工程数据，可被建设项目各参与方普遍使用。

（3）BIM 具有单一工程数据源，可解决分布式、异构工程数据之间的一致性和全局共享问题，支持建设项目生命期中动态的工程信息创建、管理和共享，是项目实时的共享数据平台。

1.1.2 BIM 技术常用术语

1. BIM

前期定义为"building information model，BIM"，之后将 BIM 中的"model"替换为"modeling"，即"building information modeling"。前者指的是静态的"模型"，后者指的是动态的"过程"，可以直译为"建筑信息建模""建筑信息模型方法"或"建筑信息模型过程"，但目前国内业界仍然使用"建筑信息模型"。在近些年的发展过程中，"modeling"一词又被附加"management""manufacture"等概念，成为建筑信息模型（building information modeling）、建筑信息化管理（building information management）、建筑信息制造（building information manufacture）三位一体的 BIM 发展新模式。

2. PAS 1192

PAS 1192 即使用建筑信息模型设置信息管理运营阶段的规范。该规范规定了图形信息、非图形内容，例如具体的数据、模型的定义和模型信息交换。PAS 1192-2 提出 BIM 实施计划（BEP）是为了管理项目的交付过程，有效地将 BIM 引入项目交付流程，对项目团队在项目早期发展 BIM 实施计划很重要。

3. IFC

IFC 即工业基础类标准（industry foundation class）。IFC 是包含建设项目设计、施工、运营各个阶段所需要的全部信息的一种基于对象的、公开的标准文件交换格式。

4. level

level 表示 BIM 等级从不同阶段到完全合作被认可的里程碑阶段的过程，是企业或项目在 BIM 领域技术成熟度的划分。这个过程被分为 0~3 共 4 个阶段，目前对于每个阶段的定义还有争论，最广为认可的定义如下：

level 0：没有合作，只有二维的 CAD 图纸，通过纸张和电子文本输出结果。

level 1：含有一点三维 CAD 的概念设计工作，法定批准文件和生产信息都是二维图输出。不同学科之间没有合作，每个参与者只拥有自己的数据。

level 2：合作性工作，所有参与方都使用自己的三维模型，设计信息共享是通过普通文件格式。各个组织都能将共享数据与自己的数据结合，从而发现矛盾。因此各方使用的软件必须能够以普通文件格式输出。

level 3：所有学科整合性合作，使用一个在环境中共享性的项目模型。各参与方都可以访问和修改同一个模型，解决了最后一层信息冲突的风险，这就是所谓的"open BIM"，即一种在建筑的合作性设计、施工和运营中基于公共标准与公共工作流程的开放资源的工作方式。

5. LOD

LOD（level of detail）指 BIM 模型的发展程度或细致程度。LOD 描述了一个 BIM 模型构件单元从最低级的近似概念化的程度发展到最高级的演示级精度的步骤。LOD 的定义主要运用于确定模型阶段输出结果及分配建模任务这两个方面。在现阶段 BIM 技术应用的相关工程中，均用 LOD 的数值作为评判模型精细程度与价值的依据。

1.2 BIM 技术特点

BIM 技术作为现代建筑行业的一项革新性工具，其特点鲜明地体现在三维层级与数据层级两个方面。

1.2.1 三维层级特点

BIM 技术的三维层级特点，为其在建筑领域的应用提供了直观、高效的手段。这一特点具体表现在以下几个方面。

（1）可视化设计

传统的建筑设计往往依赖于二维图纸，设计师需要通过想象来构建三维空间。而 BIM 技术则直接在三维空间中进行设计，使得设计师能够更加直观地观察和理解建筑形态。这种可视化的设计方式不仅提高了设计效率，还有助于发现潜在的设计问题，从而及时进行优化。

（2）碰撞检测

在建筑设计阶段，各专业之间的构件可能会发生空间上的冲突，这种冲突在传统的二维设计中很难发现。而利用 BIM 技术的三维模型，可以轻松进行碰撞检测，提前预警可能存在的空间冲突，避免了施工阶段的返工和浪费。

（3）施工进度模拟

BIM 模型不仅可以展示建筑的静态形态，还可以结合时间维度进行施工进度模拟。通过在模型中加入时间因素，可以模拟出施工过程中的各个阶段，帮助项目管理人员更加合理地安排施工计划，优化资源配置。

（4）三维协同设计

BIM 技术支持多人、多专业的协同设计。在 BIM 模型中，不同专业的设计人员可以同时进行工作，实时共享和更新设计信息。这种协同设计方式大幅提高了设计效率和质量，减少了因信息沟通不畅而导致的错误和冲突。

BIM 技术的三维层级特点还体现在其对复杂建筑形态的精确描述上。无论是曲线形的建筑外观，还是内部复杂的空间结构，BIM 技术都能够通过三维模型进行精确的表达和呈现。

1.2.2 数据层级特点

BIM 技术的数据层级特点是其强大功能得以实现的基础。这一特点主要表现在以下几个方面。

（1）信息集成

BIM 模型不仅包含了建筑的几何信息，还集成了物理信息、功能信息等多种数据。这些信息以数字化的形式存储在模型中，可以随时进行查询、提取和更新。这种信息集成的方式为建筑的全生命周期管理提供了便利。

（2）关联性

在 BIM 模型中，各种数据之间是相互关联的。这种关联性体现在两个方面：一是同一元素的不同属性之间的关联，如一个墙体的几何尺寸与其热工性能之间的关联；二是不同元素之间的关联，如门窗与墙体之间的关联。当模型中的某个元素发生变化时，与之相关联的数据也会自动更新，从而保证了模型数据的一致性和准确性。

（3）参数化设计

BIM 技术支持参数化设计，即通过参数来控制模型的形状、尺寸等属性。设计师可以通过修改参数来调整模型，而无需重新建模。这种设计方式不仅提高了设计效率，也使得设计方案更加灵活多变。同时，参数化设计还有助于实现设计的标准化和规范化。

（4）数据共享与协同

BIM 模型的数据可以在不同的软件平台之间进行共享和交换。这种数据共享与协同的能力，使得各专业之间的信息沟通更加顺畅，有助于提高项目管理的整体效率。同时，数据共享还有助于打破信息孤岛，实现信息的整合和优化利用。

1.3 BIM 技术国内外发展

1.3.1 BIM 技术在国外的应用与发展现状

BIM 技术在全球建筑业的应用与发展呈现出显著的多样性。

美国作为最早启动建筑业信息化研究的国家之一，自 2003 年由美国总务管理局（GSA）推出全国 3D-4D-BIM 计划以来，在 BIM 技术的研究与应用方面一直走在世界前列。GSA 在 2007 年起要求所有大型项目应用 BIM，并积极推动在项目生命周期中应用 BIM 技术，如空间规划验证、4D 模拟和能耗模拟等。与此同时，Building SMART 联盟通过制定和推广美国国家 BIM 标准（NBIMS-US），大力推动了 BIM 技术在美国的普及与标准化。

英国政府则通过强制政策大力推动 BIM 技术的应用。2011 年，英国发布《政府建设战略》，要求在 2016 年前实现全面协同的 3D-BIM。英国建筑业 BIM 标准委员会发布了一系列标准，如"AEC（UK）BIM Standard"，为 AEC 企业从 CAD 向 BIM 过渡提供了详细的指导和支持。这些标准的制定不仅促进了 BIM 技术在英国的应用，也为全球范围内的 BIM 标准化提供了借鉴。

新加坡在 BIM 技术推广方面也取得了显著成效。早在 2000 年，新加坡通过 CORENET 项目推动电子规划自动审批系统的应用。2011 年，新加坡建筑局（BCA）发布 BIM 发展路线图，要求在 2015 年前所有新建项目广泛使用 BIM 技术。政府通过强制提交 BIM 模型、与大学合作开设 BIM 课程和提供专业培训，积极推动 BIM 技术的普及。

北欧国家（如挪威、丹麦、瑞典和芬兰）是全球最早采用基于模型设计的地区之一。尽管政府并未强制要求全部使用 BIM，但通过 Senate Properties 等机构发布的 BIM 要求，以及企业的自觉应用，北欧国家在 BIM 技术的发展上取得了显著进展。例如，Senate Properties 自 2007 年起在建筑设计部分强制使用 BIM，促进了项目的规范化管理。

日本自 2009 年起开始广泛应用 BIM 技术。日本国土交通省在 2010 年启动政府建设项目中的 BIM 试点，探索其在设计可视化和信息整合方面的价值。2012 年，日本建筑学会发布 BIM 指南，为设计院和施工企业提供了详细的指导，推动了 BIM 技术在日本的广泛应用。

韩国政府积极制定 BIM 标准，并推动在大型工程项目中应用 BIM 技术。2010 年，公共采购服务中心（PPS）提出在大型项目中逐步应用 BIM 技术的计划，并发布了《设施管理 BIM 应用指南》。韩国国土交通部发布了《建筑领域 BIM 应用指南》，为开发商、建筑师和工程师在公共项目中应用 BIM 技术提供了详细指导，推动了 BIM 技术在韩国的标准化和系统化应用。

全球教育机构和学术界也高度重视 BIM 技术的教学与研究。多个国家的大学和专业学院将 BIM 技术纳入课程，培养学生的实际应用能力。研究人员探索 BIM 技术的创新和应用，通过数据标准化和数字建造技术的研究，推动 BIM 技术的发展。国际上已经有多个 BIM 标准，如 IFC、COBie 和 BCF，这些标准促进了 BIM 数据的标准化和操作性，为建筑行业的数字化转型提供了重要支持。

1.3.2 BIM 技术在国内的应用与发展现状

BIM 技术在中国的应用和发展已经取得了显著成效，展现出巨大的潜力和广泛的前景。中国香港地区的 BIM 发展主要依靠行业自身推动，早在 2009 年便成立了香港 BIM 学会。香港房屋署自 2006 年起率先试用 BIM 技术，并在 2009 年发布了 BIM 应用标准，计划在 2014—2015 年覆盖所有项目。这些措施包括自行订立 BIM 标准、用户指南和资料库，为模型建立、管理档案及用户之间的沟通创造了良好环境。

在中国台湾地区，BIM 技术的应用同样取得了显著进展。台湾大学与欧特克公司签订了产学合作协议，以推动 BIM 技术的研究与应用。台湾大学土木工程系、高雄应用科技大学土木系等纷纷成立 BIM 研究中心，推动 BIM 相关技术与应用的经验交流、成果分享、人才培训与产学研合作。台湾在推动 BIM 应用方面采取了两种模式：建筑产业界自愿引进 BIM 应用，以及在新建公共和公有建筑中强制应用 BIM 技术。

中国大陆的 BIM 技术应用呈现出迅猛增长的态势。政府在 BIM 技术推广中发挥了核心作用，通过住房城乡建设部等机构制定相关政策和标准，促进 BIM 技术在公共项目中的广泛应用。这些政策为 BIM 技术实施提供了明确指导，激发了私营部门的积极参与。众多建筑公司和设计院已将 BIM 技术纳入其标准工作流程，利用 BIM 技术提高设计和施工阶段的效率，并在项目管理、成本控制及后期维护等方面发挥优势。BIM 技术的精确性和高效性减少了返工与浪费，提升了项目的整体质量和性能。

在复杂工程项目中，如地铁、高速铁路和大型工业设施，BIM 技术发挥着至关重要的作用。它协助多个专业团队协同工作，提高工程质量，并有效控制项目成本和进度。通过详细的项目信息和模拟，BIM 技术使项目管理者能够更好地规划和监控工程进度，降低施工风险。BIM 技术与互联网、大数据和人工智能等前沿技术的融合正在加速。大数据分析优化了设计方案，提高了建筑性能；人工智能的结合提升了 BIM 模型的自动化程度，使设计和分析更加高效；云计算的应用则促进了 BIM 模型的共享和协作，增强了团队间的交流效率。

教育与培训方面，中国的高等教育机构已将 BIM 纳入建筑和工程相关课程，注重技术操作的教学和跨专业协作及项目管理能力的培养，为行业的未来发展奠定了基础。多所大学和专业机构在研究 BIM 技术的应用与发展，如使用分布式键值存储系统 Redis 提高大容量 IFC 数据的动态解析效率，为 BIM 模型的 Web 端快速恢复提供条件。研究人员还探索了数字化建造技术在建筑领域的应用及其发展前景，提出了数字化建造的概念、特点和发展趋势，并探讨了 BIM 技术在高速公路建设中的应用模式和方法。

第 2 章
BIM 应用软件

▶ 章 引

本章重点介绍 BIMBase 软件在建筑、电力、交通等领域的应用基础与发展现状。作为中国建筑科学研究院推出的国内完全自主知识产权的 BIM 建模软件，BIMBase 通过其先进的几何引擎、显示渲染引擎和数据引擎，为我国建筑行业提供了坚实的数字化基础平台。本章内容将带领读者深入了解 BIMBase 在各行业的广泛应用，从核心技术的突破到实际项目的成功实施，全面展示其在提升设计效率、优化施工管理和推动行业数字化转型方面的显著成效。通过翔实的案例分析与图文展示，读者将深入了解 BIM 技术在不同专业领域的应用，进一步理解 BIMBase 如何助力我国工程建设的高质量发展。希望本章内容能够为广大工程技术人员提供有价值的参考，促进 BIM 技术的推广与应用。

2.1 BIMBase 介绍

中国建筑科学研究院下属的北京构力科技有限公司于 2021 年推出了国内完全自主知识产权的 BIMBase 建模软件。BIMBase 为我国建筑行业提供了数字化基础平台，通过开放的二次开发接口，支持软件开发企业研发各种行业软件，逐步丰富 BIM 国产软件开发生态，为行业数字化转型和国家重大工程的数据安全提供有力保障。

凭借几何引擎、显示渲染引擎和数据引擎，BIMBase 对于面向工程建设领域大体量造型及复杂边界的几何运算效率及稳定性优势显著，并且可实现二维及三维大规模场景的高效绘制与渲染、全专业百万级 BIM 模型的流畅编辑与渲染显示。BIMBase 大尺度模型加载效果如图 2-1 所示。另外，BIMBase 提供自有数据格式，支持业务数据和标准的扩展，还提供了高效的数据读写存储格式，支持 BIM 模型的快速加载和卸载。目前，BIMBase 在建筑、电力和交通等细分领域已率先实现 BIM 核心软件国产化替代和升级。

图 2-1　BIMBase 大尺度模型加载效果

在软件功能层面，BIMBase 提供通用建模、参数化建模、协同设计、数据转换、数据挂载、模型碰撞检查、二维制图、模型轻量化、二次开发等九大功能模块。部分功能介绍如下：

（1）参数化建模

BIMBase 具备基本几何与参数化建模能力，用户不仅可以通过组件和通用建模等手段快速搭建 BIM 模型，还可以使用 Python 语言，通过参数驱动实现高效建模，满足特定的设计要求。

（2）数据挂载

BIMBase 在国内首创数据挂载机制，可以将相关业务属性数据与建筑元素关联，实现数据的一体化管理，以满足全寿命周期 BIM 模型的应用。另外，BIMBase 还支持通过自定义模板配置企业数据标准。

（3）模型碰撞检查

BIMBase 支持模型碰撞检查，能快速定位模型中的碰撞问题，并使用便捷的模型编辑工具对碰撞点进行快速修改优化，达到模型交付标准。BIMBase 在集成多专业模型碰撞检查时，与主流碰撞检查软件效率基本持平。

（4）数据转换

BIMBase 提供强大的数据转换功能，可以与其他平台软件或格式进行数据交换和共享，目前已经支持 RVT、SKP、DGN 以及 IFC 等国内外各种主流文件格式。BIMBase 还提供常见 BIM 软件数据转换接口，并深度支持各类专业插件的开发。

（5）二维制图

BIMBase 支持二维制图功能，能够自动生成平面图、剖面图、立面图等，该功能包含二维绘图常用命令，如图层管理、标注样式、文字样式等，兼容 SHX 文件，为专业图纸绘制提供基础的 CAD 功能，并且与三维模型实现实时关联，确保"图-模"的准确性和一致性。

2.2 BIMBase 应用与发展现状

中国建筑科学研究院基于 30 多年自主图形技术的积累，于 2021 年推出国内自主知识产权的 BIM 平台——BIMBase。BIMBase 已通过中国信息通信研究院旗下的泰尔实验室的 BIM 自主化评估并且被认定为 S 级（五星级别），核心源代码自有率达 100%，实现了 BIM 核心技术自主可控。2021 年，BIMBase 入选国务院国有资产监督管理委员会"国企科技创新十大成果"，并于 2020 年和 2022 年两次列入《中央企业科技创新成果推荐目录》，整体技术达到国际先进水平，部分技术达到国际领先水平。

在建筑工程领域，BIMBase 已率先实现了 BIM 核心产品国产化替代。基于 BIMBase 的建筑全专业协同设计系统 PKPM-BIM、装配式建筑设计软件 PKPM-PC、钢结构设计软件 PKPM-PS、CAE 通用结构仿真分析系统、绿色低碳分析设计系统、铝模板智能设计系统等 20 余款商品化国产 BIM 软件，可适应国内常规建筑工程项目 BIM 应用，完成的单体工程规模可达 10 万 m^2 以上。BIMBase 软件提供了超过 1500 个 API 接口，能够支持用户完成 BIM 建模、设计、交付等全流程开发（图 2-2）。之后陆续发布了完全国产自主可控的装配式钢结构设计软件、绿色建筑节能系列软件、铝模板设计软件、爬架设计软件、市政管廊设计软件、电力隧道设计软件、总图设计软件等 BIM 软件产品（图 2-3）。

图 2-2　BIMBase 建模软件应用流程

图 2-3 BIMBase 基础平台与工程软件行业应用

基于 BIMBase 的装配式设计软件 PKPM-PC 按照装配式建筑全产业链集成应用模式研发，主要应用于装配式住宅、公建项目设计深化阶段，为设计人员大幅降低了设计门槛，有效提高了设计效率及质量；同时设计数据可对接审查平台，满足装配式审查要求；对接装配式预制构件生产系统，满足加工厂制造要求。目前该软件已服务全国设计单位、构件厂等1000 多家企业，并在大量实际工程项目中应用，与基于 CAD 软件传统的设计方式相比，该软件可提高装配式设计效率 20% 以上，降低 80% 的拼装检测人工量，减少了大量"错、漏、碰、缺"现象的发生，设计精度大大提高，全面助力国内建筑工业化发展。在装配式建筑领域，BIMBase 系列软件已处于领先地位（图 2-4）。

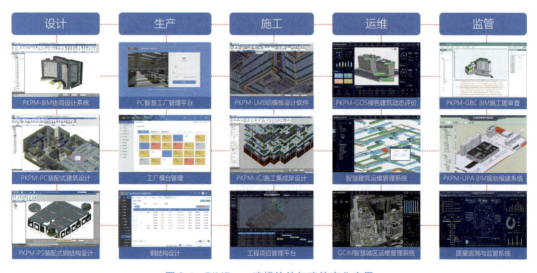

图 2-4 BIMBase 建模软件与建筑产业应用

基于 BIMBase 研发完成的涵盖建筑、结构、机电、绿色建筑和装配式全专业的 PKPM-BIM 数字化协同设计系统，针对建筑工程体量大、专业多的特点，将 BIM 技术与专业技术深度融合，使数字化设计覆盖建筑设计全要素和全流程，实现全专业一体化集成设计，提升BIM技术应用效果和价值。该系统融合BIM设计模型质量验证技术，实现了伴随设计过程的规范检查；从建筑项目全生命周期数字化角度提升BIM设计软件功能，结合生产、施工和运维阶段应用需求，完善各阶段BIM模型交付标准，使设计阶段BIM模型达到后期应用的交付要求，推动设计-施工-运维一体化（图2-5）。

图2-5 基于BIMBase的系列国产BIM软件

目前，自主BIMBase平台及系列BIM软件已能满足大部分常规性建筑的数字化建模、自动化审查、数字化应用等需求，可以支持规模化推广和应用。与此同时，基于BIMBase平台二次开发的BIM智能审查系统已成功在雄安、厦门、湖南、湖北、海南、天津、南京、苏州、广州等地落地应用或建设中，大大促进了行业国产BIM技术的应用水平。截至2022年12月，据不完全统计，BIMBase系列软件已推广到国内4456家建筑企业、政府和高校，并已在超过2亿m^2的实际工程中应用取得成功（图2-6）。

2.3 BIMBase建模软件工程应用

BIMBase建模软件作为一个综合了设计、分析、模拟、协作和管理等多功能的BIM平台，在众多实际建筑项目中展示了其显著优势。通过对具体项目案例的分析，可以深入理解BIMBase的强大功能（图2-7）。

涉及复杂基础设施的大型项目中，BIMBase被用于管理海量的设计和施工数据，包括详细的施工图纸、材料清单、施工进度计划和成本估算。其强大的数据管理能力确保了所有数据的准确性和实时更新。项目管理者可以随时访问最新的项目信息，对施工进度和成本进行有效监控和控制。更重要的是，BIMBase支持数据共享和团队协作，使得项目的各个参与方，包括设计师、工程师、承包商和客户，都能实时访问和更新相关数据。这种数据的完备性和透明性极大地提高了项目效率，降低了错误和延误的风险（图2-8）。

图 2-6 基于 BIMBase 的应用案例展示

图 2-7 绿色低碳系列软件

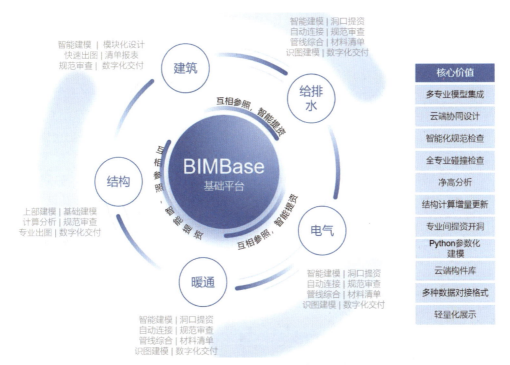

图 2-8 建筑全产业协同设计系统 PKPM-BIM

在用户体验方面，BIMBase 也非常友好。其直观的用户界面和易于理解的操作流程，使得即使是不熟悉 BIM 技术的新用户也能快速上手。同时，BIMBase 提供了丰富的定制选项和灵活的工具设置，满足不同用户和项目的特定需求。在教育和培训方面，BIMBase 提供了全面的在线资源和支持，帮助用户充分利用平台的所有功能。

目前，BIMBase 平台的应用已经从建筑行业延伸到化工、能源、铁路、公路等多个领域（图 2-9）。

图 2-9 国产自主 BIMBase 平台体系

2.3.1 建筑

随着建筑行业信息化、数字化、智能化应用需求的不断提升与演变，BIM技术以其可视化、协调性、模拟性等核心优势特点，为企业转型升级提供基础技术能力。BIM模型以结构化数据方式进行存储与调用，确保各专业和各阶段创建与应用数据的一致性及正确性。

在实际项目应用中，基于国产BIMBase平台的BIM技术应用体系可以满足方案设计、施工图设计、施工辅助，以及生产运维等流程的要求，在实际工程项目中体现出应用价值和优势。

以常州市创智大厦项目为例（图2-10），项目位于常州市新北区新桥镇，总建筑面积60210m^2。其中地上建筑功能为商业、办公用房，地下建筑功能为机动车库及其设备用房。该项目致力于打造绿色建筑，在应用中完成了管线综合及机电深化设计、BIM正向设计出图、BIM工程量清单统计，实现BIM技术的全流程应用。

图2-10 创智大厦项目效果图

创智大厦项目BIM团队自方案阶段初期介入，在设计、装配、施工中全程运用国产BIM软件。首先，建立全专业施工图设计BIM模型，利用基于BIMBase平台的PKPM-BIM软件进行建筑、结构、给排水、暖通、电气等多专业建模，专业间相互提资、参照、协同，完成数字化交付模型。然后，应用BIM技术完成正向设计出图。通过基于BIMBase平台的PKPM-PC模块，实现了构件自动编号、装配式建筑专项施工图平面、构件详图生成及单构件出图等多种出图功能，并进行构件统计和计算书生成工作。

完成初步设计后，基于数字设计模型，进行管线综合及机电深化设计应用。梳理管线排布与路由，对各种管道、梁及电梯基坑等做碰撞分析，基于地下室各种管道和梁的分析，得出每块区域的净高数据，根据要求再做净高优化。发现问题可以及时更正模型，根据反馈报告做施工图的修改。此外，还可以完成预制构件深化设计、装配式指标计算应用。基于PKPM结构模型，通过BIMBase平台中的PKPM-PC软件，能够快速、高效地完成装配式建筑方案的设计和拆分工作。在完成方案设计的基础上，输入荷载等条件，再进行整体计算分析。方案设计及计算分析完成后，可进行构件配筋设计，结合设备专业、精装专项、总包点位等各相关提资条件进行点位深化工作。完成点位的初步预埋、预留工作后，对明显设计错误的构件进行单独构件编辑，而后可通过软件进行碰撞检测、短暂工况验算、构件检查等一系列分析措施，能够高效地发现并解决各类碰撞、受力不合理等情况。

后期，利用 BIMBase 平台，该项目完成了设计审查一体化应用。PKPM-BIM 软件内置相关规范条文，可以进行 BIM 智能预查，预审 BIM 模型后可对审查不通过的构件进行批量修改并导出 BIM 报审数据对接政府平台。BIM 模型还可用于场地布置和施工模拟。模型数据可运用于三维场地布置、施工进度模拟、合理性检查以及工程量统计中。将 BIM 模型与施工进度计划相连接，将空间信息与时间信息整合在一个可视的模型中，直观、精确地反映整个建筑的施工过程。该项目应用 BIMBase 平台，在项目建造过程中合理制定施工计划、精确掌握施工进度，对整个工程的施工进度、资源和质量进行统一管理和控制。

2.3.2 电力

在新型电力系统建设的背景下，BIM 技术在电力行业的应用日益广泛，电网工程数字化进程进一步加速，对工程设计提出了新的需求。

BIM 技术在特高压领域的广泛应用，为实际项目提供了宝贵经验。以福建某地 1000kV 变电站新建工程为例（图 2-11），该项目为特高压交流输变电重要工程，具有电压等级高、站区规模大、涉及专业多、综合协调难度大等特点。

该项目采用基于国产自主可控 BIMBase 平台的电力套件完成全站三维设计，项目成果已有效解决变电站三维设计底层建模平台依赖进口软件的"卡脖子"问题，改善变电站三维设计软件生态环境，实现与国家电网有限公司/中国南方电网有限责任公司应用平台的数据交付，可与国产结构计算软件、绿色低碳计算软件等实现数据互用和贯通。

图 2-11　某变电站项目效果图

首先，该项目实现了在各阶段应用三维设计。方案设计阶段，在 BIMBase 项目综合管理系统中，进行方案的成果展示，辅助方案论证、比选、调整及优化，并进行绿建节能分析等。初步设计阶段，利用 BIMBase 电力套件系统，创建各专业模型，模型深度满足国家电网公司三维设计建模规范，同时进行全专业模型的整合检查，以及工程量统计等。施工图设计阶段，采用 BIMBase 电力套件系统，实现平台端管理人员与客户端进行全专业协同设计；并利用该系统创建电气设备模型库，对土建常用构件进行参数化模型的二次开发，大幅提高三维设计效率。通过 BIMBase 电力套件，该项目实现了全专业建模、结构计算、智能设计优化、碰撞分析、施工图出图等。

其次，该项目完成了多专业应用三维设计。在按照国家电网输变电工程三维设计建模规范的要求下，电气设备模型除实现了国家电网 GIM 基本图元搭建之外，还包含模型属性、设备材质、组部件等规范规定的内容。此外，BIMBase 的电气设备编码功能，可自动对电气设备完成电网工程系统标识编码，满足变电站全种类设备设计、建设、运维全寿命周期数字化管理的需求（图 2-12）。

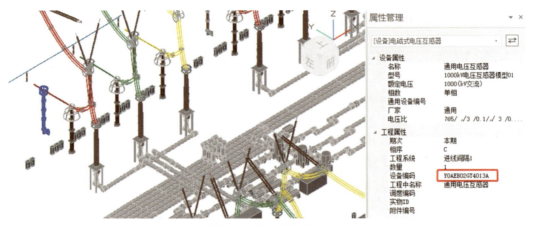

图 2-12　电气设备编码

此外，该项目运用国产 BIMBase 电力套件软件完成电气、建筑、结构、水工、暖通、总图等专业正向三维建模，实现全专业三维化，使设计数据具象化，并完整实现了多模型多专业合并模型（图 2-13），模型质量及深度满足国家电网对变电站三维移交的要求。

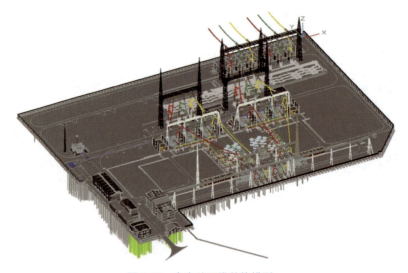

图 2-13　变电站三维整体模型

2.3.3 交通

随着《数字交通发展规划纲要》的发布,交通领域开始了 BIM 设计在隧道、桥梁、路基等方面的技术探索,铁路、机场、公路等重大交通基础设施的 BIM 技术工程应用也快速跟进。交通行业有别于建筑行业,不同点在于其呈带状分布,具有与地形结合紧密、区域范围广、结构形式复杂、设计专业多、数据海量等特点。

以某区域创新中心基础设施项目提升改造工程为例,该项目位于某市朝阳经济开发区及高新技术产业开发区,全长 12.45km,道路等级为城市快速路,主线标准段采用双向 6 车道,设计速度 80km/h。该项目建设能显著提升该市南部区域通达能力,支撑城市空间拓展。沿线地形地貌以冲洪积河谷阶地为主,地势较平坦,地层岩性以第四系人工填土以及冲洪积粉质黏土、砂、卵石为主,局部地段发育有软土,基底岩性主要为白垩系砂岩、粉砂岩、泥岩,地质构造不发育,人工填土较发育。

在设计阶段,该项目基于国产化 BIMBase 平台研发的地质勘察建模系统开展了模型创建和编辑工作。

一方面,通过地质勘察建模系统,项目组迅速建立了一套数据完整的地质数据库,包括钻探、取样、原位测试、土工试验等关键数据,提供了各地层的设计参数,为后续设计工作提供了可靠的地质依据(图 2-14)。

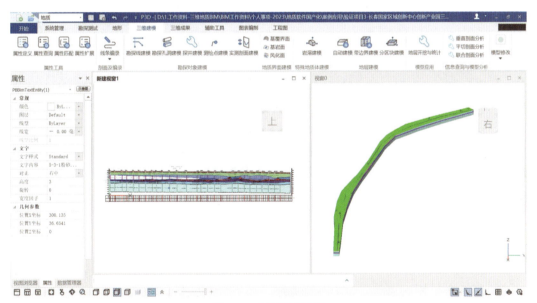

图 2-14 剖面地质分析

另一方面,项目组采用了地质勘察建模系统的多源数据建模技术,运用地形、勘探与测试等基础数据,创建了三维地形、钻孔和地层模型,并提供了相应的三维模型成果(图 2-15)。这种方法明显提高了地质勘察专业传统成果的整合效率,有助于全面把握工作区域内的地质情况,进而提高设计专业的工作效率,减少不必要的设计迭代次数。

该项目成功应用基于国产 BIMBase 平台的地质勘察建模系统,为公路、市政等交通基础设施建设领域的数字化设计提供了高效、专业的国产化解决方案。这不仅有效提高了生产效率和交通工程领域的自主可控能力,还取得了良好的社会效益和经济效益。

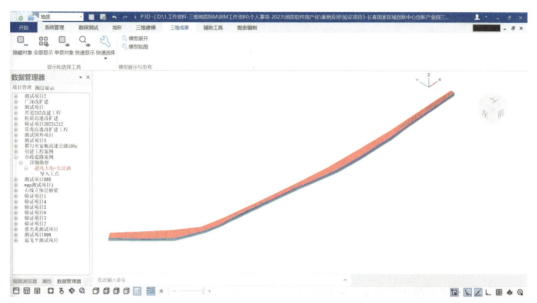

图 2-15　整体三维地质模型

2.3.4　化工

在当今的工业环境中,数字化和信息化已经成为推动企业持续发展的重要驱动力。而随着国产软件的兴起,工业行业也掀起了软件国产化替代的浪潮。BIMBase 三维工厂套件是一款包含工艺、建筑、结构、机电全专业的设计软件,其等级驱动的方式保证了设计规范性,大量快捷功能提高了设计效率,其功能可以涵盖工艺设计的全流程,可以帮助提升设计质量,节约时间成本。在化工行业,BIMBase 工厂套件充分展示了国产自主 BIM 软件在工业项目中的应用能力。以某乙醇溶剂回收工艺开发及试验装置项目为例,该项目配管设计全过程使用 BIMBase 工厂套件完成,全套图纸及材料表通过精确的 BIM 模型导出,完成了整个项目的三维设计及成果交付。

在该项目的应用中,配管专业设计流程大致可以分为五个阶段:根据项目配置数据库、三维模型绘制、模型检查及专业提资、材料统计、平面图及 ISO 导出。整个流程以 BIM 三维模型为数据基础,完成了结构和配管专业的配合提资以及成果的直接输出(图 2-16)。

1. 数据库配置

BIMBase 三维工厂套件的数据库主要包含设计库、辅助库、等级库。其中设计库可以理解为一种存储方式,不同设计师使用不同的设计库可以进行不同区域的设计并相互之间进行配合。该项目根据实际需求共梳理管线信息 174 条,方便布管时调用,且类似项目可以复用。BIMBase 三维工厂套件采用等级驱动的设计方式,保证工艺管道的规范化设计并实现分支的自动插入。等级库的生成有三种方式:在软件中直接输入,软件内置了常用的国标及厂家标准;直接调用;通过导入外部等级库进行复用(图 2-17)。

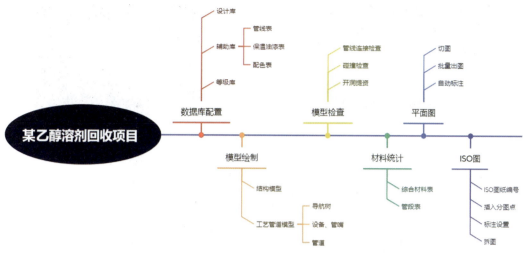

图 2-16　项目三维设计流程

图 2-17　导入外部等级库

2. 三维模型绘制

该项目进行了结构及工艺管道两个专业的 BIM 模型绘制，其中结构专业模型使用 BIMBase 三维工厂套件结构模块绘制，通过软件自带功能快速完成梁、板、柱、墙等结构构件的搭建。模型绘制完成后，通过其同步 PKPM 功能对接到 PKPM 结构计算软件完成结构计算（图 2-18）。

而对于配管专业来说，结合已有轴网及结构模型，就可以对工艺设备进行定位，先进行工业设备的建模，得益于软件中自带的参数化设备元件库，工艺设备可以很方便地进行布置，设备布置完成之后，在设备上布置管嘴用于后续接管（图 2-19）。

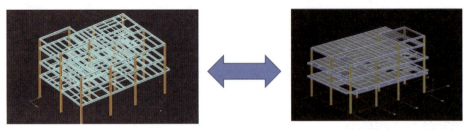

图 2-18　结构模型双向对接

图 2-19　工艺设备及管嘴

在进行管线绘制时，要根据设备位置关系，对不同类型管线进行三维立体排布。在不影响功能的前提下，对同路管线批量布置，既可减少管线碰撞，又能保证整齐美观，同时因提前配置过项目管线表及等级库，管线及阀门仪表规格默认符合规范要求，减少了配管过程中的属性设置工作，大大提高了效率。

3. 模型检查及专业提资

模型绘制完成后，项目人员对模型进行管道连接检查与碰撞检查（图 2-20），根据检查结果对管线排布不合理的地方做了调整。而对于工艺管线和结构构件交叉需要开洞的位置，配管设计师使用软件自带的提资开洞功能可以方便地对洞口进行提资，结构设计师收资后可完成一键批量开洞。

图 2-20　碰撞检查

4. 材料统计

在完成整体模型的搭建及调整后，设计师根据模型生成了项目整体的综合材料表、管段表等材料统计表（图 2-21）。

CWEC 重庆川维石化工程有限责任公司 ChongQing ChuanWei Petrochemical Engineering Co., Ltd

综合材料表 GENERAL MATERIAL LIST

项目名称 PROJECT：二苯酮回收工艺开发及试验装置项目
子项名称 SUBPROJECT：
项目编号 PROJECT NO：23100　第 2 页 共 17 页 SHEET OF
图号 DWG. NO.：23100-02P-06　设计阶段 STAGE：施工图　专业 DISCIPLINE：配管　版次 REV.：1

序号 No.	材料名称 Material Name	材料规格 Material Specification	标准编号或图号 Standard Serial No. or DWG. No.	材料或性能等级 Matl. or Cl.	单位 Unit	数量 Quantity	质量 Weight(kg) 单重 Unit	总重 Gross	备注 Remarks
一	管道								
1	无缝钢管								
		φ18x3.0	HG/T20553(II)	20# GB/T8163	m	5			
		φ32x3.0	HG/T20553(II)	20# GB/T8163	m	145			
		φ45x3.0	HG/T20553(II)	20# GB/T8163	m	10			
		φ57x3.5	HG/T20553(II)	20# GB/T8163	m	300			
		φ89x4.0	HG/T20553(II)	20# GB/T8163	m	120			
		φ108x4.0	HG/T20553(II)	20# GB/T8163	m	35			
		φ159x5.0	HG/T20553(II)	20# GB/T8163	m	40			
		φ219x6.0	HG/T20553(II)	20# GB/T8163	m	32			
		φ18x2.5	HG/T20553(II)	S30408 GB/T14976	m	2			
		φ25x2.5	HG/T20553(II)	S30408 GB/T14976	m	1			
		φ32x2.5	HG/T20553(II)	S30408 GB/T14976	m	105			
		φ38x2.5	HG/T20553(II)	S30408 GB/T14976	m	3			
		φ45x2.5	HG/T20553(II)	S30408 GB/T14976	m	125			
		φ57x3.0	HG/T20553(II)	S30408 GB/T14976	m	285			
		φ89x4.0	HG/T20553(II)	S30408 GB/T14976	m	15			
		φ108x4.0	HG/T20553(II)	S30408 GB/T14976	m	55			
		φ159x4.5	HG/T20553(II)	S30408 GB/T14976	m	5			
		φ219x4.5	HG/T20553(II)	S30408 GB/T14976	m	5			

THIS DRAWING OR DOCUMENT MAY NOT BE REPRODUCED OR DISCLOSED TO ANY THIRD PARTY IN ANY FORM WITHOUT THE PRIOR WRITTEN PERMISSION OF CWEC.

图 2-21　综合材料表

5. 平面图及 ISO 导出

在完成全部模型调整之后，该项目基于模型做了图纸成果的输出，包含平面图和管线 ISO 图。对于平面图，项目组生成不同标高平面的图纸，并使用软件自动标注功能对管线号和定位尺寸进行标注，而生成管线 ISO 图时，软件自动完成了标注和单管材料统计（图 2-22）。

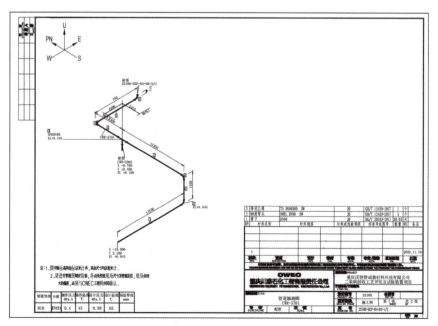

图 2-22　管线 ISO 图

该项目依托于 BIMBase 三维工厂套件进行国产软件工业项目三维设计，涵盖了从数据库配置到模型搭建再到设计成果输出的全流程。这个案例充分证明了 BIM 技术在工业设计中的重要作用，不仅可以提高生产效率，降低运营成本，还可以帮助企业完成数字化转型。随着科技的不断进步，国产软件的不断发展，未来的工业生产将更加绿色、高效、智能。

第 3 章
基本建模

▶ 章 引

本章深入探讨 BIMBase 软件的基本建模操作及其在实际应用中的关键步骤。通过对运行环境的详细解析，读者可以了解 BIMBase 对计算机硬件配置的要求，确保最佳性能表现。启动界面和用户操作界面的全面介绍，帮助读者熟悉应用程序菜单、快速访问工具栏、RIBBON 菜单功能区、项目浏览器以及绘图区域的功能和布局。本章还详尽阐述几何图形的绘制、三维模型的创建与编辑，以及利用快捷命令和工具进行建模操作的具体方法。通过这些内容，读者不仅能够全面掌握 BIMBase 软件的操作基础，还能在实际项目中灵活运用所学知识，提高工作效率和设计精度。本章内容旨在为后续章节的深入研究打下坚实基础，助力读者在 BIM 技术领域的专业发展。

3.1 BIMBase 软件操作基础介绍

3.1.1 运行环境

基于 BIMBase 平台的系列化软件因采用国产自主化引擎，对计算机硬件的性能依赖较小。CPU 推荐使用主频 2GHz 以上的多核处理器；至少需要 4GB 内存，推荐使用 8GB 以上；Window 7 及以上 64 位版中文操作系统；256MB 以上内存显卡。图 3-1 为国内外 BIM 软件最低运行环境对比，可以明显看出其轻量化性能的优越性。

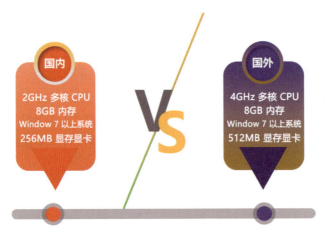

图 3-1 国内外 BIM 软件最低运行环境对比

3.1.2 启动界面

启动界面是软件启动之后最先看到的界面，可在该界面新建项目、打开项目。该界面还提供最近更新教程，提供授权、在线升级、技术支持、注册控件等功能（图 3-2）。

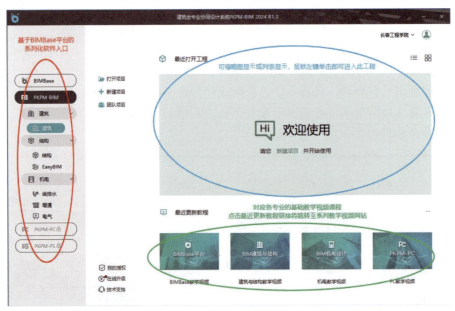

图 3-2 启动界面

单击"我的授权",在弹出授权管理对话框中,可以选择激活、升级授权或指定授权服务器(图 3-3)。

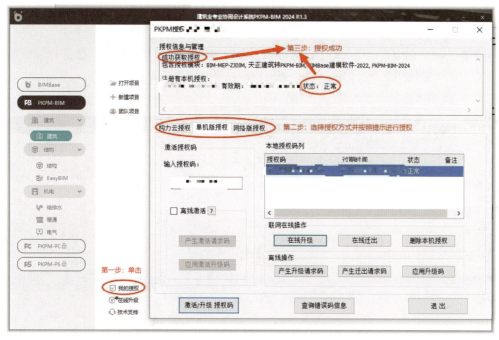

图 3-3 我的授权

切换到需要的专业后,可以选择"打开项目"或者"新建项目",也可以使用"最近打开工程"快速打开工程项目(图 3-4)。

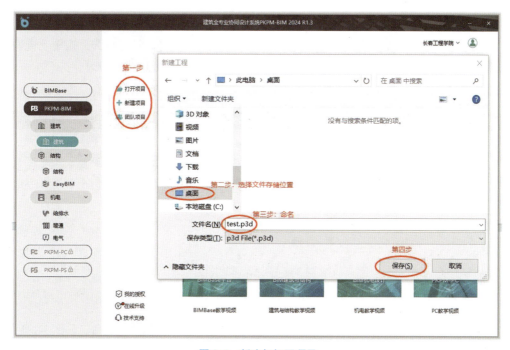

图 3-4 新建与打开项目

3.1.3 用户操作界面

用户操作界面为 Windows 窗口界面，可以随意改变窗口的大小、位置和形状，并可在软件运行过程中运行 Windows 桌面上的其他程序，实现多进程工作方式。用户菜单采用流行的 RIBBON 菜单，形象直观。

界面主要包括应用程序菜单、快速访问工具栏、RIBBON 菜单功能区、选项卡、属性栏、常用设置集、视图浏览器、绘图区域、捕捉控制栏等区域（图 3-5）。

图 3-5 用户操作界面（建筑专业为例）

1. 快速访问工具栏

快速访问工具栏提供新建项目、打开项目、保存文件、将文件另存为、撤销、重做等功能。通过单击专业切换下拉菜单中的选项，可切换至其他专业（图 3-6）。

图 3-6 快速访问工具栏

2. 视图浏览器

视图浏览器以树状结构显示全楼模型、各楼层模型列表、图纸和列表等，如图 3-7 所示。双击视图浏览器，即可跳转到对应项目。建筑专业分为楼层平面（平面视图）与三维模型

（三维视图）；结构专业仅有模型视图（二维、三维联动）；电气相关专业包含三维模型与二维平面视图。

图 3-7　视图浏览器

> 注：当视图显示存在问题时，可以单击"刷新视图"选项进行刷新，如图 3-8 所示。

图 3-8　刷新视图

3. 属性面板

属性面板针对不同专业操作界面、不同构件操作、不同视图状态的显示均有所不同，主要包含基本属性、范围、通用属性、特异性属性、自定义属性等（图 3-9）。

图 3-9 构件属性

平面视图属性包括基本属性、范围、视图配置，双击任意平面视图后，即可在属性面板中看到。其中"范围"中的"水平显示控制"可调节在当前平面视图状态下的构件可见范围（图 3-10）；视图配置中的"构件可见性"可调整当前平面视图状态下的构件显隐（图 3-11）。

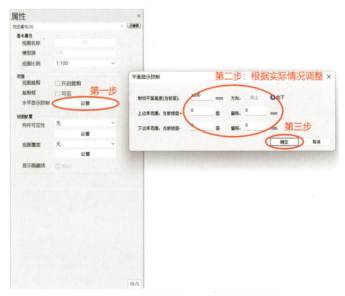

图 3-10 平面视图属性——水平显示控制

第 3 章 基本建模

图 3-11 平面视图属性——构件可见性

4. 绘图区域

绘图区域是进行建模与其他操作的核心区域，允许以二维或三维方式显示全楼模型或各自然层模型（图 3-12）。

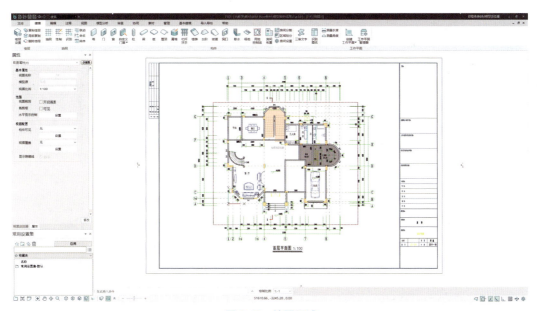

图 3-12 绘图区域

5. 视图盒子

在建筑与机电专业的"三维模型"状态及结构专业全部状态下，按住键盘上的"Ctrl"键，同时按住鼠标滚轮，即可任意角度旋转模型。

通过单击视图盒子的 6 个平面、8 个角点、12 条边线，可将当前三维视图的角度切换到对应的视图角度。在俯视图方向下，单击视图盒子上方的箭头，可将视图方向以 XOY 平面法线方向为轴，向左或向右旋转 90°（图 3-13）。

图 3-13　视图盒子

6. 命令提示行

命令提示行位于模型视图操作区的下方，具备启动命令、历史记录、消息提示等功能。在命令提示行中输入完整功能命令、完整快捷命令或部分快捷命令，可启动对应功能。单击命令提示行右侧的上箭头按钮，可查看程序调用功能的历史记录。在执行命令的过程中，将在命令提示行上方出现具体操作的提示信息（图 3-14）。

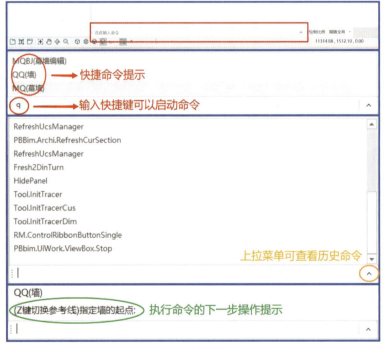

图 3-14　命令提示行

7. 下端工具条

（1）多窗口显示设置在命令提示行的右下方，从左到右依次为：页签模式、多窗口平铺、新建视口。当出现楼层间构建对比建模、二维与三维对比建模等场景时，可选用"多窗口平铺"视图（图 3-15）。

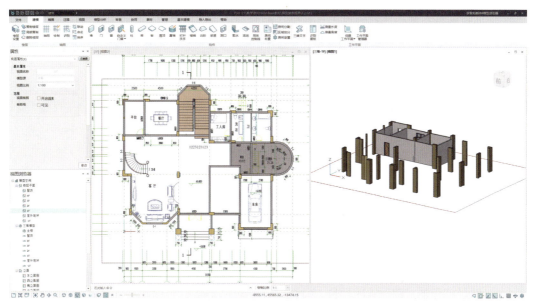

图 3-15 多窗口显示设置

（2）视图工具条在项目窗口的左下方，从左到右依次为：全屏幕显示、平移视图、三维动态观察、局部放大、隐藏线模式、线框模式、着色模式带轮廓、着色模式原始色、着色模式无轮廓。在工具条的右侧，单击上箭头可显示二级菜单，可设置坐标系和视图盒的显隐（注：当屏幕上坐标系及视图盒丢失，可在此处寻找）（图3-16）。

图 3-16 视图工具条

以下为不同视图模式下呈现的效果，各位读者请根据模型展示的实际需要进行选择（图3-17）。

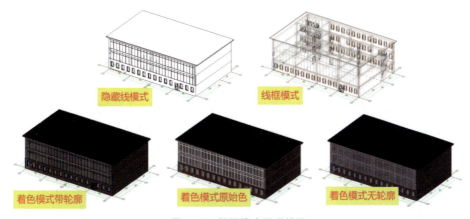

图 3-17 视图模式呈现效果

（3）捕捉开关在命令提示行下方，从左到右依次是对象捕捉、对象捕捉追踪、极轴追踪、正交模式、栅格捕捉、锁定平面、捕捉设置（图3-18）。

图3-18　对象捕捉功能区

① 选择"极轴追踪"选项栏目，勾选"启用极轴追踪"，可以在增量角下拉菜单中输入角度，也可以通过下拉菜单选择常用角度；勾选"附加角"，可以对角度进行新建和删除；在"对象捕捉追踪设置"栏目中可选择"仅正交追踪"和"使用极轴角"（图3-19）。

图3-19　"极轴追踪"对话框

② 选择"靶区设置"选项栏目，可以对自动捕捉标记大小、捕捉范围和十字光标大小进行设置（图3-20）。

③ 选择"捕捉和栅格"选项栏目，界面如图3-21所示，勾选"启用极轴捕捉"，可以在"极轴间距"文本框中输入数值，勾选"启用栅格捕捉"，可以在"栅格间距"文本框中分别输入X、Y轴间距数值。

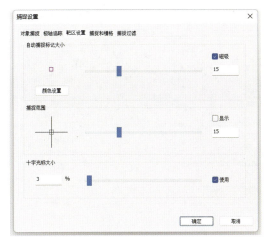
图 3-20 靶区设置

图 3-21 捕捉和栅格

8. 常用设置集

反复调用的构件及构件属性,可收藏至常用设置集,方便快速调取,如门、窗、墙体等属性需要不断复用的构件(图 3-22)。

图 3-22 常用设置集

9. 视图控制与视图参照

通过视图控制与视图参照命令,可对当前平面绘制的构件进行显隐控制及绘制基准参照控制(图 3-23)。

图 3-23　视图控制与视图参照

3.2　通用操作

1. 功能键

鼠标左键＝Enter 键：用于程序过程中的确认、选择、输入等，以下简称"Ent"。

鼠标右键＝Esc 键：用于程序过程中的中断、退出等，以下简称"Esc"。

鼠标中间滚轮：滚动时用于对显示屏幕的实时放大、缩小；按下移动时用于对显示屏幕的实时移动操作；在绘图区双击鼠标中键，全屏显示视图。

Ctrl 键＋鼠标中键：用于实时旋转视图。

2. 右键菜单

1）常规操作

撤销：撤销上一步操作；

重做：恢复上一步操作；

删除：删除被选中的构件；

复制：复制被选中的构件；

移动：移动被选中的构件；

重复上个命令：重复执行上一个执行过的操作命令；

隐藏已选同类实体：隐藏被选中的构件的所有同类构件；

隐藏已选：隐藏已经被选中的构件；

隐藏未选：隐藏被选中构件以外的所有构件；

取消隐藏：取消被隐藏的所有构件的隐藏状态；

充满显示：将绘制的所有构件和图形，全充满显示在绘图区域中；

选择同类实体：选中被选构件的所有同类型实体构件；

视图浏览器：视图浏览器的开关；

属性栏：属性栏的开关；

常用设置集：常用设置集的开关。

2）显示控制

右击"显示控制"选项，在弹出的快捷菜单中通过勾选/取消勾选各类构件的复选框，可以控制该构件在二维、三维视图中的显示/隐藏（图3-24）。

3）视图参照

视图参照允许在本专业中以二维或三维视图，分层查看其他专业的模型。单击"视图参照"选项后弹出"视图参照"对话框，在左侧参考楼层中可以选择专业，目前支持建筑、结构、暖通、给排水、电气等专业，在右侧区域可以选择楼层信息，包括3D模型和2D模型（图3-25）。

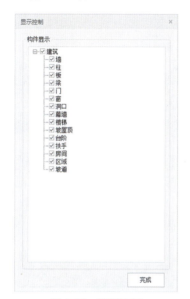

图 3-24 视图控制

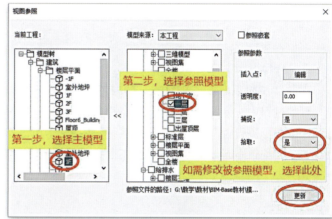

图 3-25 视图参照

注：在空间模型中与其他专业对齐使用的是自然层信息。勾选复选框则显示被选中的楼层模型，取消复选框勾选，则不显示该楼层模型。

3. 临时辅助线

在构件绘制过程中会启动临时辅助线，构件绘制结束临时辅助线会自动消失。临时辅助线以淡蓝色的虚线显示，辅助进行精确绘制。在绘制构件过程中单击第一个点后会随着构件生成临时辅助线（图3-26）。

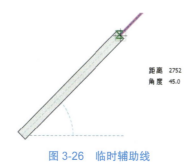

图 3-26 临时辅助线

4. 追踪器

在执行命令绘制过程中，会在光标位置出现移动几何坐标小面板。可在此小面板中提示当前绘制的尺寸、角度等，并可输入数据。在绘制第一个定位点后，追踪器会跟随鼠标动态调整位置，并描述当前点位的数据，如图 3-27 所示，在此数据状态下直接输入数据。需要切换数据输入的条目时，可以按住 Tab 键切换，当前输入的条目是高亮显示（图 3-27）。

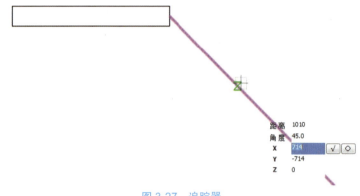

图 3-27　追踪器

5. 弹出式编辑小面板

弹出式编辑小面板是 BIMBase 的特色操作命令，可以快速指引开展下一步操作。在绘制构件的过程中，单击已有构件的夹点和参考线出现弹出式编辑小面板，鼠标可任意单击小面板上的图标进行编辑功能的切换，系统记忆上一次单击状态。不同工具、不同单击位置出现的弹出式编辑小面板所显示的功能不同。通用的编辑功能包括"移动""复制""镜像""多重复制"等（图 3-28）。

图 3-28　弹出式编辑小面板

6. 编辑工具

（1）移动

"移动"命令可在指定方向上按指定距离移动对象，对象可在 X、Y、Z 三个方向上移动。选中要移动的构件，连续单击，依次选择"移动"命令，指定要移动的起点和终点，可以对选中的构件进行移动；或者单击"移动"命令，选择要移动的构件，右击确认，单击指定要移动的起点，再次单击指定终点，也可以对选中的构件进行移动。

（2）复制

使用"复制"工具可以创建对象副本，并将副本移动到指定位置，默认为多重复制。选中要复制的构件，连续单击，依次选择"复制"命令，指定起点和终点，可以对选中的构件进行复制；或者单击"复制"命令，选择要移动的构件，右击确认，然后单击指定起点，再次单击指定终点，也可以对选中的构件进行复制。

（3）旋转

"旋转"工具围绕基点将选定的对象旋转指定的角度。选中要旋转的构件，选择"旋转"命令，选择工具栏中 ↻ 不保留原件，选择 ↻ 保留原件。连续单击，依次指定旋转第一点、第二点和要旋转的角度（此时也可以双击 Tab 键，在追踪器中直接输入要旋转的角度），可以对选中的构件进行旋转；或者单击"旋转"命令，选择工具栏中是否保留原件命令，然后选择要旋转的构件，右击确认，连续单击，依次指定旋转第一点、第二点和要旋转的角度，也可以对选中的构件进行旋转。

> **注**：本命令中，如果选择了保留原件，则旋转后原构件仍保留在旋转前的位置；如果选择了不保留原件，则旋转后原构件被删除。

（4）镜像

使用"镜像"工具可以绕指定轴翻转对象创建对称的镜像图像。选中要镜像的构件，选择"镜像"命令，选择工具栏中 ▲ 不保留原件，选择 ▲ 保留原件。单击指定对称轴第一点，再次单击指定对称轴第二点，可以对选中的构件进行镜像；或者单击"镜像"命令，选择工具栏中是否保留原件，然后选择要镜像的构件，单击指定对称轴第一点，再次单击指定对称轴第二点，也可以对选中的构件进行镜像。

（5）阵列

使用"阵列"工具可以将指定对象按不同阵列形式复制。选择"阵列"命令，弹出阵列命令显示栏。阵列的绘制方式有三种：线性阵列、矩形阵列和扇形阵列，选择相应绘制方式并输入相关参数进行操作。

选择"线性阵列"绘制方法，在"个数"文本框中输入个数，单击拾取要阵列的构件，右击结束拾取命令，单击确定阵列起点，再次单击确定第一个阵列对象的终点，也可手动输入相邻两个阵列构件的位置信息，具体操作步骤见图 3-29。

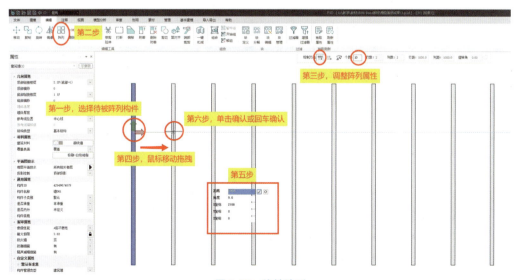

图 3-29　线性阵列

选择"矩形阵列"绘制方法，分别在"行数""列数"中输入个数，在"行距""列距"中输入距离；如果需要旋转角度，则需勾选"旋转角"后的复选框，再在文本框中输入角度值；数值设置好后，单击拾取要阵列的构件，右击结束拾取命令，再次单击确认放置构件，具体操作步骤见图 3-30。

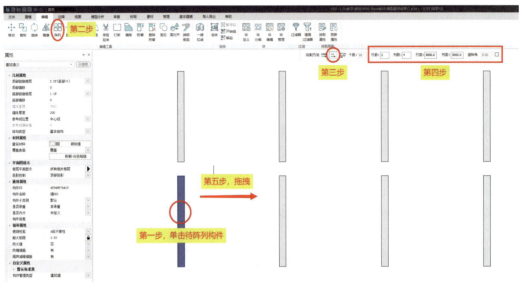

图 3-30 矩形阵列

选择"扇形阵列"绘制方法，输入个数，如果需要旋转角度，则需勾选"旋转角"后的复选框，再在文本框中输入角度值；数值设置好后，单击拾取要阵列的构件，右击结束拾取命令，连续单击，依次确定基点、控制点和摆放位置（图 3-31）。

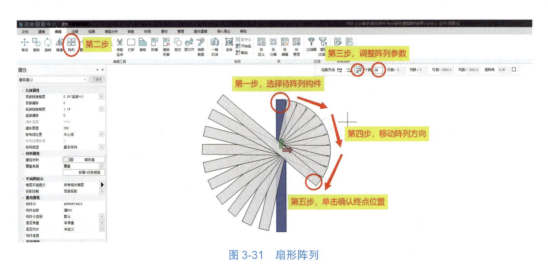

图 3-31 扇形阵列

（6）删除

选择"删除"命令，单击拾取构件，该构件被删除，右击结束删除命令；或者选中构件，再选择"删除"命令，该构件被删除，右击结束删除命令。

（7）对齐

使用"对齐"工具可以将构件与参考对象对齐。选择"对齐"命令，单击确定构件，再次单击选择要对齐的参考对象，右击结束对齐命令。

（8）倒角

以两条相交直线为切线在相交处画弧，包含倒直角、倒圆角、倒斜角三种倒角方式。倒直角：选择"倒直角"命令，单击拾取第一个构件，再次单击确定第二个构件，直角倒角绘制完成；倒圆角：选择"倒圆角"命令，在"半径"文本框中输入数值，单击拾取第一个构件，再次单击确定第二个构件，圆角倒角绘制完成；倒斜角：选择"倒斜角"命令，在"距离"文本框中输入数值，单击拾取第一个构件，再次单击确定第二个构件，斜角倒角绘制完成。

（9）修剪延伸

"修剪"功能用来处理多余的部分；"延伸"功能使线性构件相交。选择"修剪延伸"命令，单击拾取参照物，右击结束拾取命令，再次单击选择要修剪掉/要延伸的部分，修剪延伸命令完成。

（10）打断

"打断"工具可以打断一小段距离也可以打断一个点。选择"打断"命令，单击指定打断第一点，再次单击指定打断第二点，右击结束打断命令；或单击指定打断第一点，右击可直接在第一点处打断。

（11）偏移

"偏移"命令为等比例偏移一个图形的所有边。选择"偏移"命令，如需保留原构件，则勾选"复制"复选框，如果要删除原构件，则不勾选。选择"按图形"偏移，单击拾取构件，右击结束拾取命令，再次单击确定偏移起点，最后单击确定偏移终点，按图形偏移构件完成。选择"按数值"偏移，在文本框中输入要偏移的距离，单击拾取构件，再次单击确定要偏移的位置，按数值偏移构件完成。

（12）附着/删除附着

使用"附着"工具可以将墙体、柱子附着到屋面、楼板、楼梯、台阶与坡道，并按被附着对象轮廓进行裁剪。选择"附着"命令，弹出如图3-32所示"附着"显示栏，可选顶部附着或底部附着。单击选择被附着对象（楼梯、台阶、坡道、屋顶、楼层、板），右击确认，再次单击选择要与屋顶（或板）吸附的附着对象（墙体、柱子），右击结束命令。

选择"删除附着"命令，单击选择附着对象（墙体、柱子），右击确认，再次单击选择要与墙（或柱）取消附着关系的被附着对象（楼梯、台阶、坡道、屋顶、楼层），右击结束命令。

（13）剪切

"剪切"功能可对幕墙和门窗构件在墙体上进行裁剪。选择"剪切"命令，然后单击选择需要被剪切的墙体，右击确定；再次单击用于剪切墙体的幕墙或门窗，墙体自动被剪切。

（14）端部裁剪

"端部裁剪"功能主要对已绘制的墙体端部裁剪方式进行逐个修改。选择"端部裁剪"命令，鼠标悬浮在墙交接点会实时显示蓝色圆圈标记，方便明确墙交接点位置。单击选择需要调整连接方式的墙交接点。选择好交接点后，在显示栏中依据功能层选择连接方式，墙体连接方式会实时变更，右击完成操作（图3-33）。

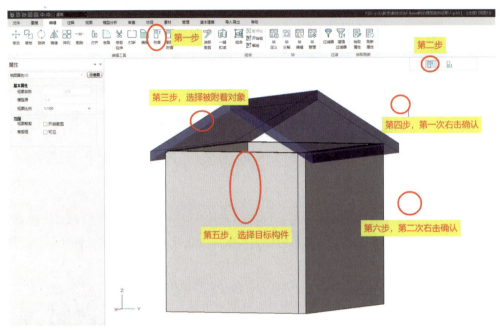

图 3-32　构件附着

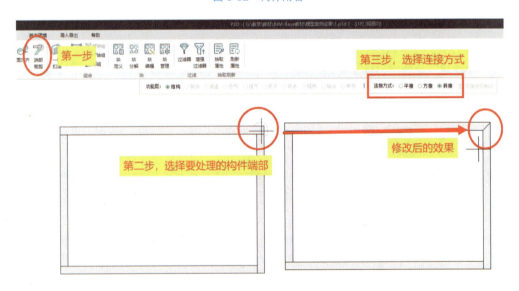

图 3-33　端部裁剪

（15）组合

可以将多个构件定义为一个整体，方便对于多个构件进行编辑操作。选择"组合"命令，此时可以用鼠标左键选择多个构件，然后单击"确定"按钮，则表明完成组合的创建。"暂停组""开始组"为互斥按钮。单击"暂停组"按钮，所有组合会临时解组，项目中所有成组构件均恢复成为单一构件状态。单击"开始组"命令，所有组合为激活状态，项目中被暂停组的构件重新成为组合状态。

单击"解组"按钮可将已定义的组合拆开。此时,再次单击"开始组",将不会恢复组合状态。单击选中组合,再单击"解组"命令,则被选中组合解组,取消组合关系。

7. 过滤器

"过滤器"功能可按类别筛选指定范围内的构件。在平面视图中可直接单击"建模"页签中的"过滤器"功能按钮,弹出"过滤器"对话框;也可在三维视图下需提前选中需要进行过滤的多个构件,再单击"过滤器"命令,会弹出"过滤器"对话框。在对话框中选择构件类型,单击"确定"按钮,相应类型构件被选中,关闭对话框实现过滤操作。

3.3 编辑环境

3.3.1 临时坐标系

临时坐标系是用户在使用建模或者编辑工具的流程中,用来辅助空间点定位的 XYZ 坐标系,是定义相对坐标的参照坐标系,通常只显示 XY 轴,不显示 Z 轴,但是程序会根据右手坐标法则计算并记录 Z 轴方向(图 3-34)。

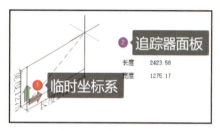

图 3-34 临时坐标系

临时坐标系的初始方向状态会根据各个工具的特征有不同的预设,用户可以通过快捷键"R"或"Shift+R"切换临时坐标系的方向,从而改变确定目标点坐标的参照坐标系;程序会根据不同工具的特征来设置是否允许切换临时坐标系生效。

临时坐标系的切换规则包含基于 WCS(当前工程文件的世界坐标系)的顺序切换与基于当前临时坐标系的顺序切换两种。基于 WCS 的顺序切换快捷键为"R"(图 3-35);基于当前临时坐标系的顺序切换快捷键为"Shift+R"(图 3-36)。

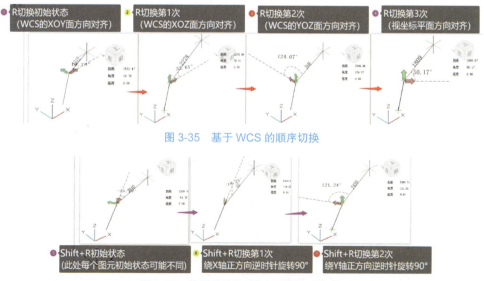

图 3-35 基于 WCS 的顺序切换

图 3-36 基于当前临时坐标系的顺序切换

软件提供自定义临时坐标系原点的机制，可以在交互确定坐标点的时候灵活定义临时坐标系原点的位置，以便更好地进行相对坐标位置的精确定位。鼠标交互过程中按快捷键"O"可以启动自定义基点；可通过单击（含捕捉）或者追踪器输入确定新的临时坐标系原点（图3-37）。

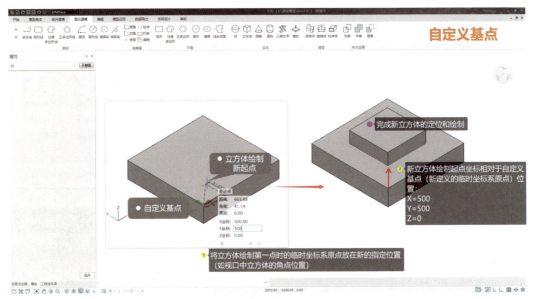

图3-37　自定义临时坐标系原点

3.3.2　交互机制

1. 鼠标单击交互

通过鼠标在视口中单击确定一个点的位置，或者鼠标在视口中捕捉某个点确定一个点的位置叫作鼠标单击交互方式。通过鼠标单击交互方式在视口中确定目标点时，目标点会默认被约束在当前临时坐标系的 XOY（Z=0）平面内（图3-38）。

2. 追踪器输入交互

通过追踪器面板中输入参数的方式确定一个点的位置，叫作追踪器输入交互方式（图3-39）。

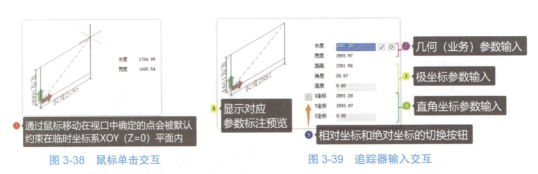

图3-38　鼠标单击交互　　　　图3-39　追踪器输入交互

追踪器输入交互方式提供"几何（业务）参数输入""极坐标参数输入""直角坐标参数输入"三种参数输入的方式（程序会根据每个图元工具的特征提供其中的一组或三组参数输入）。直角坐标参数输入时可以切换相对坐标输入或绝对坐标输入，相对坐标输入的参照坐标系为当前临时坐标系，绝对坐标输入的参照坐标系为 WCS 坐标系。追踪器输入交互状态下，视口中模型构件位置会显示对应输入的参数标注预览（图 3-40、图 3-41）。

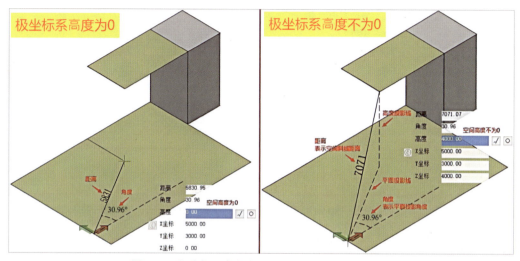

图 3-40　极坐标系高度为 0/ 不为 0 时的坐标标注预览

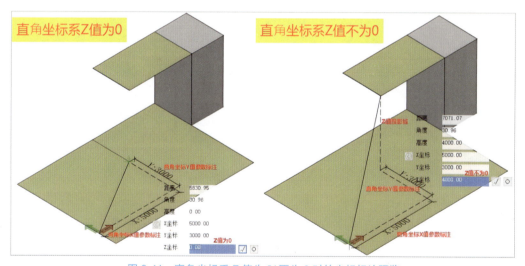

图 3-41　直角坐标系 Z 值为 0/ 不为 0 时的坐标标注预览

3.4　图元建模

3.4.1　图形

1. 点

点图元工具可以绘制点，在模型视口中确定一个点即可完成点图元的绘制。确定点的方式包括通过鼠标交互在视口中单击指定（图 3-42），通过 Tab 键进入追踪器面板输入对应的参数确定目标点（图 3-43）。

图 3-42　通过鼠标交互在视口中单击指定　　图 3-43　通过 Tab 键进入追踪器面板输入对应的参数确定目标点

> 注：点图元绘制过程中无参数标注预览，且仅允许输入绝对坐标值（直角坐标系），相对、绝对坐标切换无效。

选中绘制完成的点图元会显示对应的可编辑的夹点。拖拽夹点或者追踪器面板输入坐标参数可以移动点图元的位置。拖拽夹点时旋转临时坐标系可以生效，坐标参数输入是与临时坐标系相关的（图 3-44）。

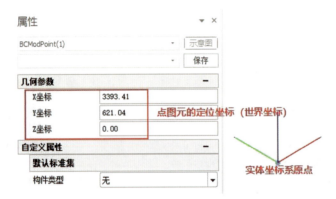

图 3-44　夹点编辑

2. 多段线

多段线工具可以绘制连续直线段，且允许绘制不共面的空间三维多段线。通过依次确定空间内多个点的方式可以完成多段线的绘制，也可通过 Tab 键进入追踪器面板，输入对应的参数确定目标点（图 3-45）。

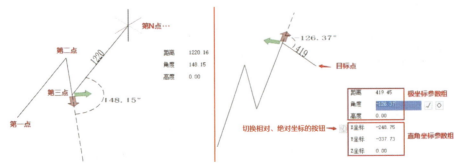

图 3-45　多段线绘制

3. 矩形线

矩形线工具可以绘制矩形线框。通过依次确定两个点的方式可以完成矩形线的绘制，也可通过 Tab 键进入追踪器面板，输入对应的参数确定目标点（图 3-46）。

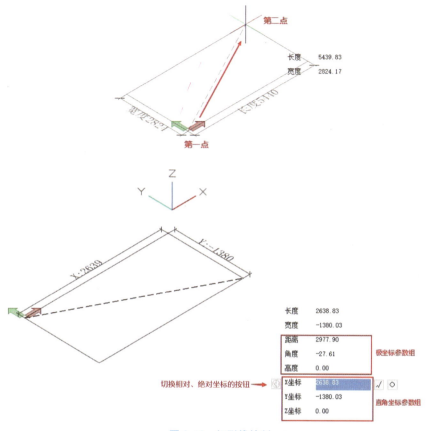

图 3-46 矩形线绘制

选中绘制完成的矩形线会显示参数标注提示及其对应的可编辑的夹点。"实体坐标系原点"命令可通过拖拽夹点或者在追踪器面板输入坐标参数移动矩形线的位置；"边中心点"命令可通过拖拽夹点或者在追踪器面板输入坐标参数改变矩形线的长度或宽度中的某一项；"角点"命令可通过拖拽夹点或者在追踪器面板输入坐标参数同时改变矩形线的长度或宽度中的多个参数（图 3-47）。

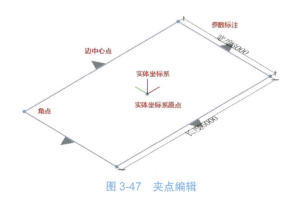

图 3-47 夹点编辑

4. 任意多边形线

任意多边形线工具可以绘制由直线段组成的首尾闭合的多边形线图元，且必须是共面的二维图元。有别于正多边形线，任意多边形线不要求边长相等。通过依次确定共面的多个点的方式可以完成任意多边形的绘制，也可通过 Tab 键进入追踪器面板输入对应的参数确定目标点（图 3-48）。

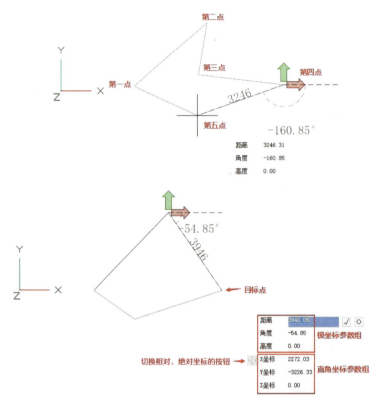

图 3-48　任意多边形线绘制

5. 正多边形线

正多边形线工具可以绘制正多边形线框图元，包含外接圆布置和内切圆布置两种绘制方式。激活正多边形线工具后可以选择正多边形线的边数，外接圆布置和内切圆布置都是通过依次确定两个点的方式完成正多边形线的绘制。通过鼠标交互在视口中单击指定，追踪器面板和视口中模型位置会显示几何参数或坐标参数提示。也可通过 Tab 键进入追踪器面板输入对应的参数确定目标点（图 3-49）。

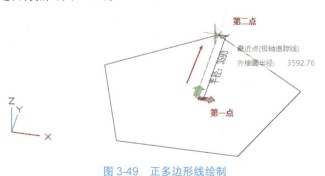

图 3-49　正多边形线绘制

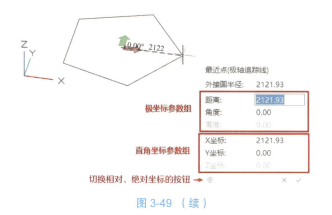

图 3-49 （续）

选中绘制完成的正多边形线会显示对应的可编辑的夹点。"实体坐标系原点"命令可通过拖拽夹点或者在追踪器面板输入坐标参数移动正多边形线的位置；"边线中点"和"顶点"命令可通过拖拽夹点或者在追踪器面板输入坐标参数改变正多边形线的外接圆/内切圆半径参数（图3-50）。

图 3-50 夹点编辑

6. 圆弧

圆弧工具可以绘制非闭合的圆弧线段。激活圆弧工具后可以选择绘制圆弧的方式。"圆心-半径画弧"通过依次确定圆心点、起点、终点的方式完成圆弧绘制（图3-51）；"起点—端点—中点画弧"通过依次确定起点端点、终点端点、圆弧上第三点的方式完成圆弧绘制（图3-52）；"三点画弧"通过依次确定圆弧上三个点的方式完成圆弧绘制（图3-53）。

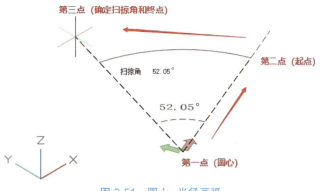

图 3-51 圆心-半径画弧

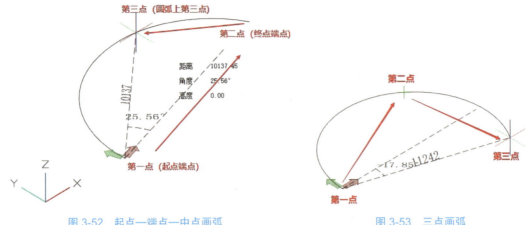

图 3-52 起点—端点—中点画弧　　　图 3-53 三点画弧

7. 圆形线

圆形线工具可以绘制圆形线框。通过依次确定两个点的方式可以完成圆形线的绘制，也可通过 Tab 键进入追踪器面板输入对应的参数确定目标点（图 3-54）。

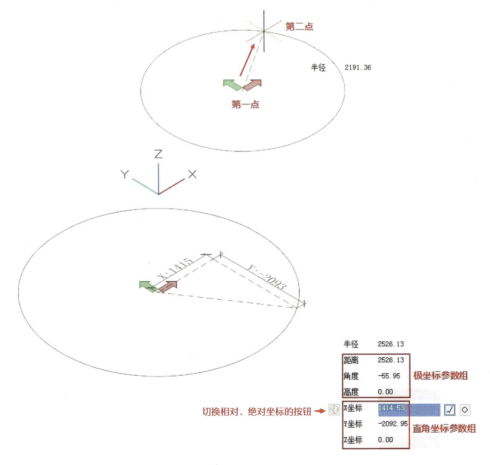

图 3-54 圆形线绘制

3.4.2 线编辑

1. 倒圆角／倒切角

倒圆角工具可对两条非平行且共面线段进行倒角操作。单击"线编辑"→"圆角"工具，激活命令，弹出"圆角"抬头工具栏，包括"半径"和"等距"两种倒圆角方式，选择需要的绘制方式，再输入指定数值；在绘图区拾取对象1，再拾取对象2，命令即可生效，生成倒圆角（图3-55）。倒切角的操作方法与倒圆角类似，此处不再赘述。

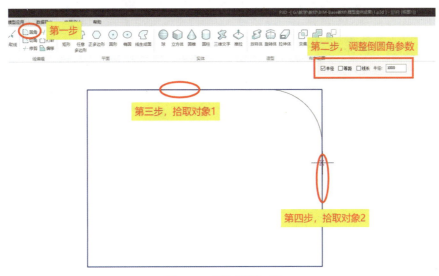

图3-55 圆角编辑工具

2. 修剪

修剪工具可以通过选定参照对象，对与其存在实交点的线段进行修剪操作。单击"图元建模"页签中的"修剪"命令，启动"线编辑"→"修剪"工具，命令行提示"选择参照线段"，右击确认选择参照对象后高亮显示；命令行提示"选择要修剪的线段"，选择要修剪的线段，虚线显示，单击确认即可生效；第一个修剪对象完成后，可继续点选或框选修剪对象（图3-56）。

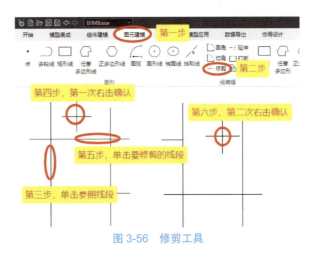

图3-56 修剪工具

3. 延伸

延伸工具可以通过选定参照对象，对与其存在虚交点的线段进行延伸操作。单击"图元建模"页签中的"延伸"命令，启动"线编辑"→"延伸"工具，命令行提示"选择参照线段"，右击确认；选择参照对象后高亮显示，同时命令行提示"选择要延伸的线段"；选择要延伸的线段，同时高亮预览，单击确认即可生效；延伸完成后，如果存在第二个虚交点，可继续点选该对象进行延伸操作，或右击退出操作（图 3-57）。

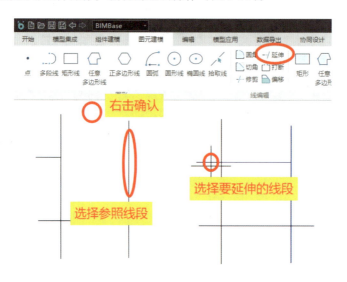

图 3-57　延伸工具

4. 打断

打断工具可以通过选定一个或两个打断点，对选定线段进行打断操作。单击"图元建模"页签中的"打断"命令，启动"线编辑"→"打断"工具，命令行提示"选择打断对象的第一打断点或右键退出"；在打断对象上选择第一打断点后，命令行提示"选择第二打断点或右键确认单点打断"；右击确认，即执行单点打断，将打断对象沿打断点断开，亦可继续选择第二打断点，或按 Tab 键输入距离或角度，单击确认，即可删除放样线段（图 3-58）。

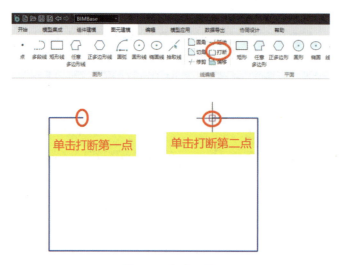

图 3-58　打断工具

5. 偏移

偏移工具可以通过选定既有二维图形线快速创建同心圆、平行线和等距曲线。单击"图元建模"页签中的"偏移"命令,启动"线编辑"→"偏移"工具,弹出偏移工具抬头工具栏,包含交互和数值两种偏移方式;勾选"保留原始图元"按钮,即保留原来的偏移对象,不勾选则偏移后删除原来的偏移对象。

选择"交互"方式偏移,单击偏移工具,激活命令,弹出抬头工具栏,选择交互偏移,命令行提示"选择偏移对象或右键退出";选定偏移对象后,以光标所在点作为偏移起点,同时以偏移起点作为原点生成临时坐标系,且命令行提示"指定偏移终点或右键返回上一步";指定偏移终点,可通过追踪器输入终点坐标,或通过单击指定终点,终点位置始终限制在临时坐标系的Y轴方向上。确定终点位置后,命令生效且生成新的线段,同时命令行提示"选择偏移对象或右键退出"(图3-59)。

图3-59 交互方式偏移

选择"数值"方式偏移,单击偏移工具,激活命令,弹出抬头工具栏,选择数值偏移,可修改偏移数值或保持默认值,命令行提示"选择偏移对象或右键退出";选定偏移对象,命令行提示"选择偏移方向或右键返回上一步";选定偏移方向后,命令生效且生成新的线段,同时命令行提示"选择偏移对象或右键退出",即可连续执行偏移命令(图3-60)。

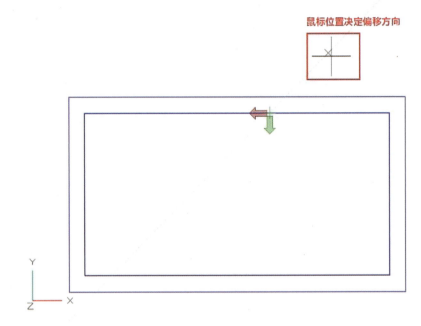

图 3-60　数值方式偏移

3.4.3　平面

1. 绘制平面工具

矩形工具可以绘制矩形平面图元。参考矩形线绘制流程，夹点编辑、属性面板内容均与矩形线相同；区别在于矩形线工具绘制得到的图元是线框图元，矩形工具绘制得到的图元是平面图元（图 3-61）。

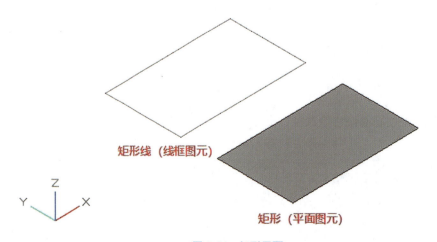

图 3-61　矩形平面

任意多边形、正多边形、圆形、椭圆绘制平面的方法类似,此处不再赘述。

2. 线生成面

线生成面是指将线段围成的闭合区域变为面。若在线段围成的闭合区域内还存在其他线段围成的闭合区域,可形成带洞口的面。线生成面分为单轮廓模式与嵌套轮廓模式两种。单轮廓模式不判断轮廓之间的关系,每一个闭合线轮廓互不干扰,各自独立的生成面;嵌套轮廓模式判断轮廓之间的关系,当轮廓之间存在包含关系时,会自动裁剪成带洞口的面。

单轮廓模式:单击工具菜单,激活命令;默认选择单轮廓模式,可在抬头工具栏中切换为嵌套轮廓模式;单轮廓模式下,单击选中线图元,被选中的线图元蓝色亮显,可连续多次单击选择多个图元;右击执行线生成面操作并退出工具菜单。选中的轮廓均生成了独立的面。

嵌套轮廓模式:切换至嵌套轮廓模式;选择外轮廓,此处限制单击一次仅支持定义一个线图元为外轮廓,右击确认;选择内轮廓,可连续单击选择多个线图元作为内轮廓,右击确认;再次右击可退出工具菜单(图3-62)。

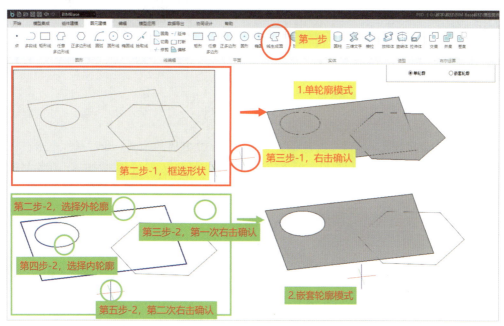

图 3-62 线生成面

线生成面命令也可先选择线图元,再单击激活线生成面工具,右击退出命令,实现线生成面的功能。

> 注:单轮廓模式下,选中的线图元之间相交也可生成独立的面。嵌套模式下,外轮廓仅能选中一个,选中多个会提示重新选择;内轮廓与外轮廓之间不可相交、不可相切;内轮廓若与外轮廓之间不存在包含关系,则各自生成面;内轮廓可存在多个,但内轮廓之间必须相互独立,不可相交,更不可存在包含关系。先选择图元再激活工具时,是按照嵌套轮廓模式执行的操作,因此选中的图元若存在相切或相交的情况,则无法生成面。

3.4.4 实体

1. 球

单击"球"功能按钮，通过依次确定两个点的方式可以完成球体的绘制。如已有参照线/面，可通过鼠标单击在视口中指定绘制点，追踪器面板和视口中模型位置会显示几何参数或坐标参数提示；在绘制过程中也可通过 Tab 键进入追踪器面板，输入对应的参数确定目标点（图 3-63）。

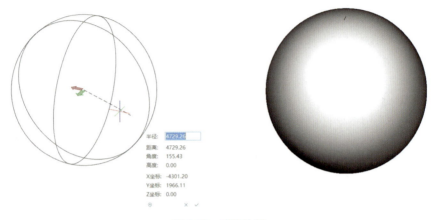

图 3-63　球形绘制

2. 立方体

通过依次确定长度、高度、宽度的方式可以完成立方体的绘制。通过鼠标单击在视口中指定三个点，追踪器面板和视口中模型位置会显示几何参数或坐标参数提示；在绘制过程中也可通过 Tab 键进入追踪器面板，输入对应的参数确定目标点（图 3-64）。

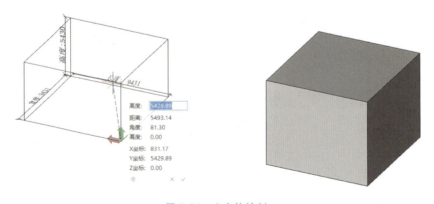

图 3-64　立方体绘制

3. 圆锥

通过依次确定圆锥底面圆半径、高度的方式可以完成圆锥的绘制。通过鼠标单击在视口中指定三个点，追踪器面板和视口中模型位置会显示几何参数或坐标参数提示；在绘制过程中也可通过 Tab 键进入追踪器面板，输入对应的参数确定目标点（图 3-65）。

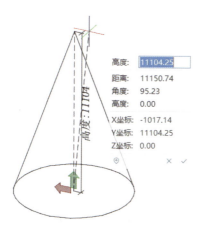

图 3-65　圆锥体绘制

4. 圆柱

通过依次确定圆柱底面圆半径、高度的方式可以完成圆柱的绘制。通过鼠标单击在视口中指定三个点，追踪器面板和视口中模型位置会显示几何参数或坐标参数提示；在绘制过程中也可通过 Tab 键进入追踪器面板，输入对应的参数确定目标点（图 3-66）。

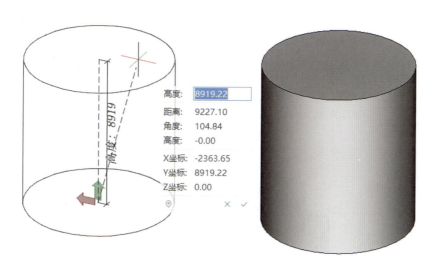

图 3-66　圆柱体绘制

5. 三维文字

单击命令按钮激活三维文字布置工具；单击确认三维文字的插入位置，也可以通过键盘键入数字或者按 Tab 键激活追踪器面板，修改三维文字显示效果，输入插入点坐标，按 Tab 键可以切换修改的条目；再次单击可以确认三维文字的布置角度，也可以通过键盘键入数字或者按 Tab 键激活追踪器面板确认三维文字角度；绘制完成后可以布置下一个三维文字或者右击退出布置命令。选中绘制完成的三维文字，可以使用属性面板对三维文字显示效果、文字内容进行修改（图 3-67）。

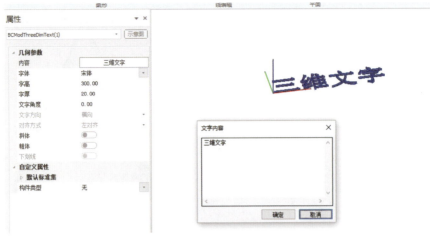

图 3-67　三维文字绘制

6. 推拉

推拉是通过对选择对象的一个面进行推拉来改变实体的形状，它是通用建模中重要的造型手段。启动推拉命令后，选择要推拉的面，将光标移至要推拉的面上，面被高亮显示，单击确认；然后沿被推拉面的法向方向移动光标，用户可观察到推拉造成的实体变化过程。顺着法向方向移动光标，将向前推拉面；逆着法向方向移动光标，将向后推拉面。对应追踪器面板中会提示推拉距离的正负值（与面法线方向对比判断正负）；也可以通过单击鼠标左键或者按下 Tab 键打开追踪器输入数值的方式完成推拉操作（图 3-68）。

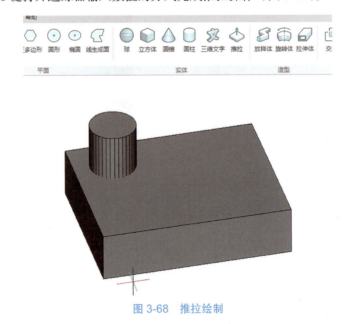

图 3-68　推拉绘制

3.4.5　造型

1. 放样体

将一个二维轮廓截面沿指定的放样路径放样，即可生成放样体。在"图元建模"页签下，单击"放样体"功能按钮，激活命令，视图区域弹出放样体工具抬头栏与截面集。截面集的界面创建方式包括"拾取截面"与"绘制截面"两种方式，路径创建方式包括"等截面沿路径放样"和"多截面放样"。

（1）拾取截面：通过在工程场景中拾取有效的闭合截面轮廓作为截面对象（图3-69）。

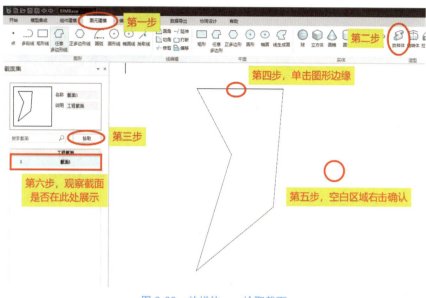

图 3-69　放样体——拾取截面

（2）创建截面：单击截面集左下角的＋，在弹出的"增加界面"对话框中命名截面，输入名称后单击"确定"按钮会自动跳转至绘制界面，在平面中任意绘制截面形状，绘制完成后单击"保存截面"按钮，再单击"退出"按钮即可完成创建截面（图3-70）。

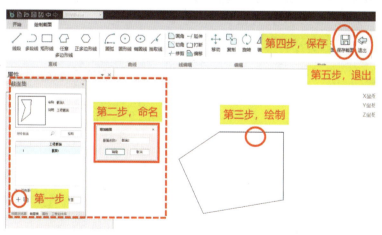

图 3-70　放样体——创建截面

（3）等截面沿路径放样：拾取或创建截面后，重新单击"放样体"功能按钮，双击选择"截面集"中的截面，在屏幕上绘制路线即可完成等截面放样（图3-71）。

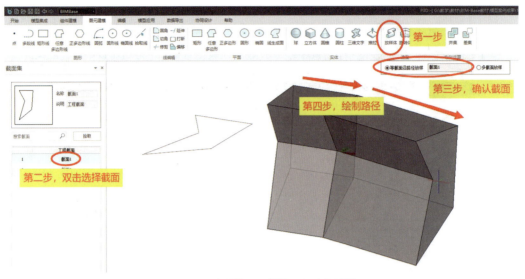

图 3-71　放样体——等截面沿路径放样

（4）多截面放样：目前仅支持对相同边数的截面进行多截面放样。在放样前需提前在不同工作平面上绘制截面。首先绘制参照平面基准线，单击"编辑"选项卡中的"创建工作平面"选项，依次在参照平面基准线上确定 X、Y 位置，在绘制好的平面内绘制相应形状（图 3-72）。再次单击"放样体"功能按钮，勾选抬头工具栏中的"多截面放样"，按住键盘上的 Ctrl 键，分别单击三个绘制好的形状，在空白区域右击确认，完成多截面放样（图 3-73）。

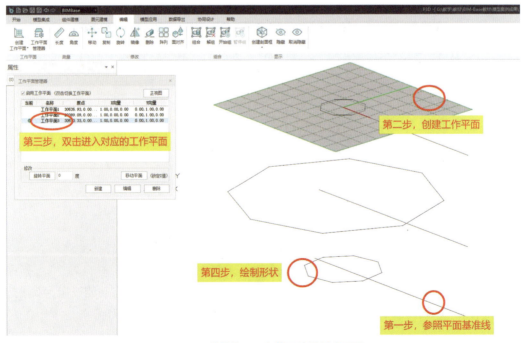

图 3-72　放样体——多截面放样创建平面

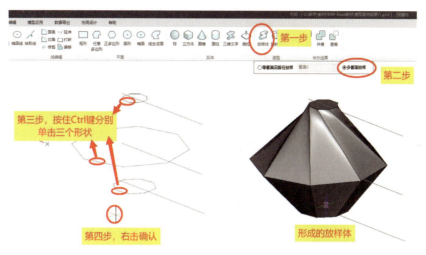

图 3-73　放样体——多截面放样形成形体

2. 旋转体

将一个二维轮廓截面沿指定的旋转轴进行旋转，即可生成旋转体。在"图元建模"页签下，单击"旋转体"功能按钮激活命令，视图区域弹出旋转体工具抬头栏，其中绘制方式包括"拾取截面"和"选择截面"。

（1）拾取截面创建旋转体：通过在工程场景中拾取有效的闭合截面轮廓作为截面对象，右击确认；绘制旋转轴线，按 Tab 键输入旋转的角度，即可生成旋转体（图 3-74）。

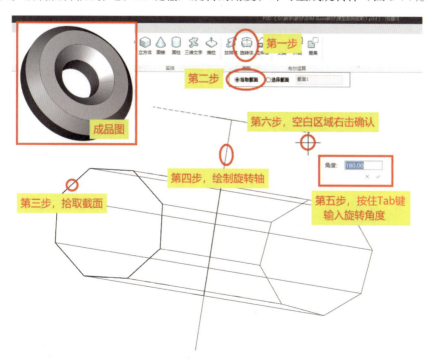

图 3-74　拾取截面创建旋转体

（2）选择截面创建旋转体：单击截面名称，在弹出的"截面选择框"中选择截面集中的既有截面数据作为截面对象，在截面选择框中双击截面对象即可引用；在绘制区域单击确定截面旋转的起始位置，再次单击确定截面旋转的角度；绘制旋转轴线，按 Tab 键输入旋转的角度，即可生成旋转体（图 3-75）。

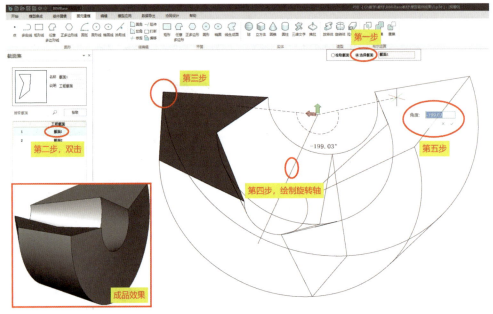

图 3-75　选择截面创建旋转体

> 注：在创建过程中，可通过鼠标交互或追踪器输入分别指定截面定位点和截面旋转角度。

3. 拉伸体

将一个二维轮廓截面沿指定方向进行拉伸，即可生成拉伸体。在"图元建模"页签下，单击"拉伸体"功能按钮，激活命令，视图区域弹出拉伸体抬头工具栏，绘制方式包括"拾取截面""选择截面"和"两点创建"。

（1）拾取截面绘制拉伸体：通过在工程场景中拾取有效的闭合截面轮廓作为截面对象，修改"拉伸起点"与"拉伸终点"确认拉伸体的高度，空白区域右击确认即可完成模型创建（图 3-76）。

图 3-76　拾取截面绘制拉伸体

（2）选择截面绘制拉伸体：单击抬头功能栏中的"选择截面"，双击"截面集"中的截面，在绘制区域内首先确定基本定位点，按 Tab 键确定放置的角度，即可完成模型创建（图 3-77）。

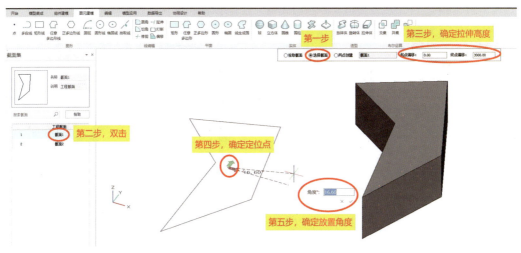

图 3-77　选择截面绘制拉伸体

（3）两点创建拉伸体：该功能为"斜向拉伸"方式，确定截面对象后，拉伸方向不受限制，可以通过鼠标交互（包括捕捉点）或追踪器输入指定第二点位置，即可生成拉伸体（图 3-78）。

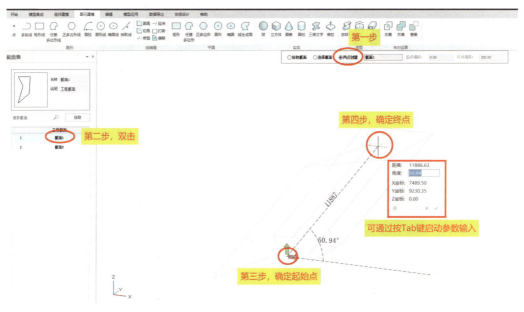

图 3-78　两点创建拉伸体

3.4.6　布尔运算

布尔运算包括交集、并集和差集。依次选择两个几何图元，保留两个几何图元的相交部分，生成布尔体。抬头工具包含"无""全部""第一个""最后一个"四种原始图元保留方式（图 3-79）。启动矩形布尔运算——交集命令后，拾取第一个几何图元，程序会高亮选中的图元，并提示"请选择另一布尔对象"；拾取第二个几何图元后，会自动生成布尔运算后的几何图形。布尔运算之前的图形会根据抬头工具栏中的选择方式，对原始图元进行相应处理（图 3-80）。并集、差集操作方法同交集，运算结果如图 3-80 和图 3-81 所示。

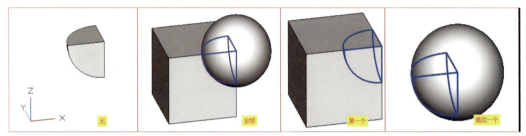

图 3-79　交集——保留原始图元形式

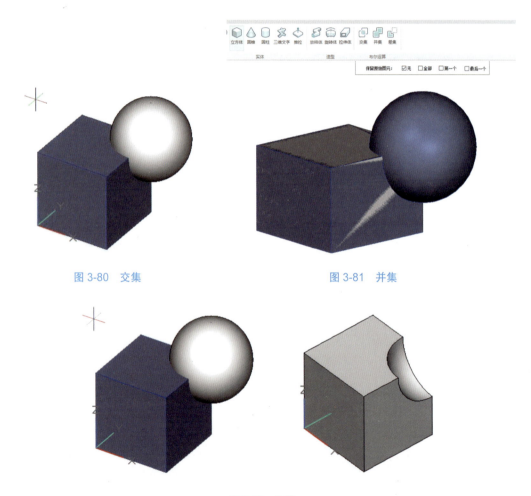

图 3-80　交集　　　　　　　　　　　图 3-81　并集

图 3-82　差集

第4章
结构专业建模

▶ 章 引

本章重点介绍了基于 BIMBase 平台的结构建模流程及其具体操作方法。通过导入或链接 DWG 格式图纸，用户可以高效地对参照底图进行管理和调整，确保模型位置的准确性。标准层的创建和轴网的绘制是结构建模的基础步骤，本章介绍了标准层建模的快速高效优势以及正交轴网和轴线绘制的具体方法。在结构柱的绘制方面，本章详细说明了从整体布置流程到新建和调整结构柱属性的全过程，包括结构柱截面的定义、属性信息的修改和构件布置的方法。针对复杂的模型需求，还介绍了通过轴网识别实现快速建模的技巧。梁和板的绘制方法展示了梁的整体布置流程、新建梁及其属性调整，以及梁的识别建模操作。结构板的布置同样包含了从新建板到调整属性及布置方式的全面介绍。悬挑板和结构墙的绘制提供了详细的操作步骤和注意事项，确保模型的精度和一致性。楼层管理部分介绍了楼层组装、全楼信息、全楼移动和楼层复制等功能，帮助用户高效地管理和调整模型的不同楼层。局部复制功能则允许在特定范围内进行构件的复制，提高了建模的灵活性和效率。本章不仅提供了详细的操作步骤和图文说明，还特别注重模型精度和构件管理，通过优化的流程和工具，确保建模过程的高效和准确，帮助读者掌握 BIMBase 平台在实际项目中的应用技巧，从而提高整体建模效率和精度。

4.1 基本建模操作

4.1.1 参照图纸管理

通过导入或链接 DWG 格式图纸，可用于识别图层创建模型或作为参照底图建模使用。

1. 导入 DWG 格式图纸

选择一个标准层，在结构专业"建模"菜单栏下，单击"导入 DWG"按钮。跳出图纸选择对话框，选择需要导入的图纸（图 4-1）。

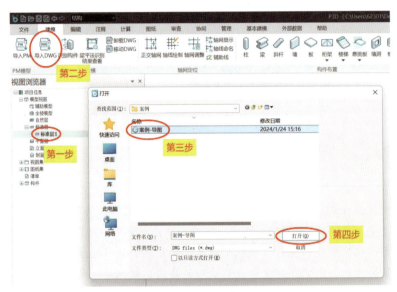

图 4-1 导入 DWG 格式图纸

图纸导入后弹出"移动 DWG"对话框，调整图纸位置，通常为图纸中①轴与Ⓐ轴交汇点同软件中原点对齐，保证后续建模过程中各楼层的模型位置不会出现偏差（图 4-2）。

图 4-2 图纸调整

2. 底图参照

除了采取导入 DWG 图纸作为参照图纸以外，还可以通过"外部数据"菜单栏下的"底图参照"命令实现该功能。通过该方法对图纸的控制、管理、应用更加便捷，具体操作步骤如图 4-3 所示。

图 4-3 底图参照流程

底图参照完成后需对底图位置进行调整，以保证后续建模过程中各楼层的模型位置不会出现偏差（图 4-4）。

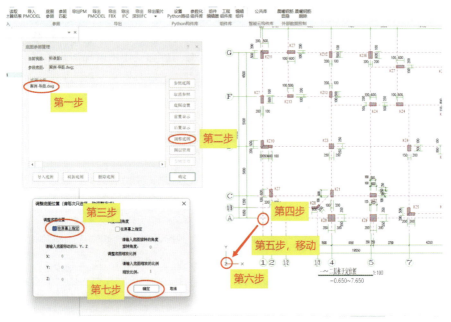

图 4-4 调整底图

4.1.2 创建标准层

标准层建模作为最常见的结构建模方式,具有快速高效的优点,结构构件可以在标准层上完成布置。单击"建模"菜单栏靠右侧的"增标准层"按钮增加标准层,"标准层高"通常根据结构图纸中给出的结构层高确定,也可在后续楼层组装操作中再详细确定(图 4-5)。

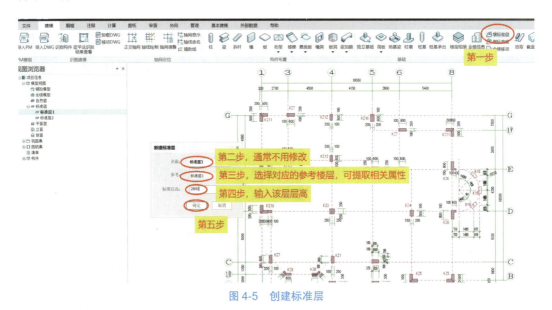

图 4-5 创建标准层

注:建模过程中,相同构件在多个楼层中重复出现时使用标准层建模较为方便。但在本软件结构建模过程中,尽量将全部构件建于相应的标准层中,方便后续调整与修改。

4.1.3 绘制轴网

1. 正交轴网

使用正交轴网功能可以快速绘制直线轴网，只需要在绘制轴网对话框内输入开间、进深等轴网数据后拖动鼠标绘制即可生成轴网。单击"正交轴网"命令，弹出"绘制轴网"对话框，在绘制轴网对话框中设置各参数，快速生成正交轴网。

在"预览窗口"中，通过鼠标滚轮可以动态显示用户输入的轴网。在"轴网数据录入和编辑"栏直接输入开间、进深数据，在输入的时候通过空格键实现数据的分隔。右侧列表框显示当前开间或进深的数据和轴网的常用数据（图4-6）。

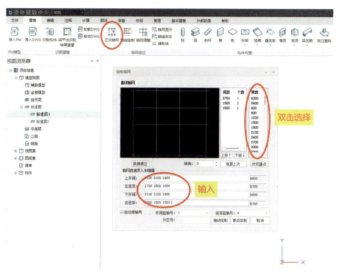

图 4-6　正交轴网

2. 轴线绘制

单击"轴线绘制"功能按钮，弹出"单根轴线绘制"对话框，在对话框中输入轴线类型、开间进深是单向或者双向、轴号、分轴号、分区号、轴线延伸长度即可绘制单根轴线。该命令可以在绘制复杂轴线时使用，具体直线轴网与弧形轴网的绘制流程参考图4-7和图4-8。

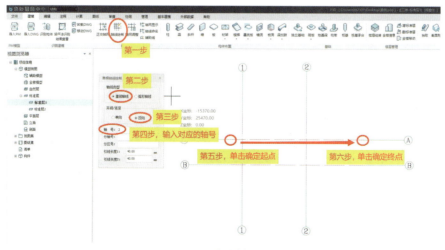

图 4-7　直线轴线绘制

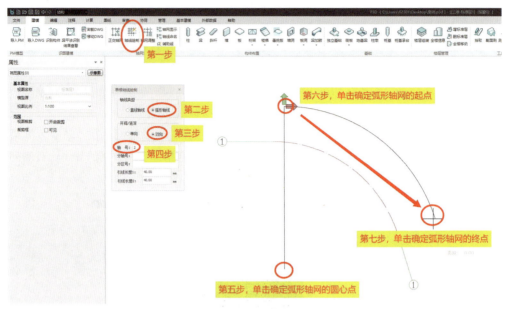

图 4-8 弧形轴线绘制

3. 轴网调整

（1）轴网显示：单击"轴网显示"切换轴网显示状态，第一次单击显示轴网，再次单击则隐藏轴网。

（2）轴线命名：单击"轴线命名"按钮，按命令提示行内容选择轴线，弹出对话框。在对话框中填入轴线"轴号""分轴号""分区号"，单击"确定"即可完成单根轴线的命名。

（3）辅助线：可以绘制辅助轴线、辅助定位线、参考线等。

单击任意一根轴线，可以在属性中调整"轴号""起始轴号标注""终止轴号标注""引线长度""文字字高系数"等（图 4-9）。

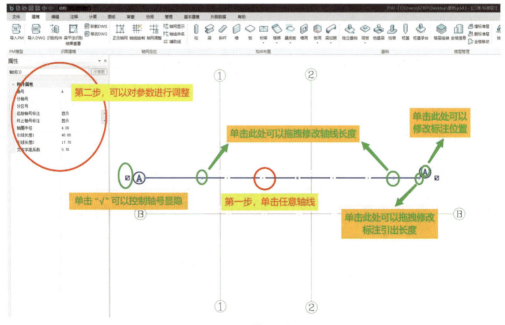

图 4-9 轴网调整

4.1.4 轴网识别建模

该功能可通过快速识别创建轴网，所创建的轴网模型精度取决于 DWG 图纸的图层精细程度，具体操作步骤请参考图 4-10。

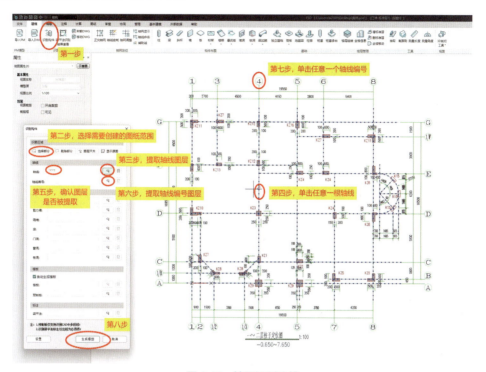

图 4-10 轴网识别建模

> **注**：轴网识别建模的精度取决于 DWG 图纸中相关图层的准确程度，建议在识别建模提取图层前，在 CAD 软件中确定图纸图层是否准确，也可在"底图参照"中选择"图层管理"进行图层准确性确认（图 4-11）。

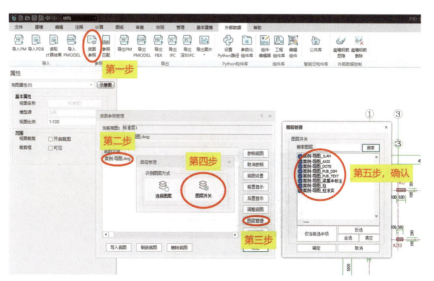

图 4-11 "底图参照"中"图层管理"

4.2 结构柱建模

4.2.1 结构柱绘制

1. 整体布置流程

布置结构柱的整体流程如图 4-12 所示。首先在结构柱布置栏中选择希望被布置的截面，设置结构柱标高参数和材料强度参数后，再使用模型操作视图区顶部工具条中的"布置方式"进行布置。

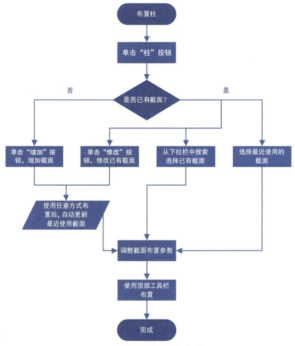

图 4-12　布置结构柱的整体流程

2. 新建结构柱

单击"建模"选项栏目中部位置"构件布置"区域的"柱"按钮，在左侧结构柱布置栏中单击"+"设定结构柱的具体参数信息，具体操作步骤如图 4-13 所示。

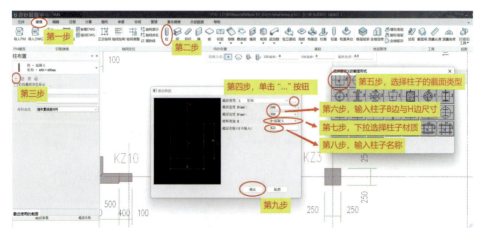

图 4-13　新建结构柱

3. 调整结构柱的属性信息

调整结构柱信息包括新建、修改、删除、清理结构柱信息，不同截面结构柱用不同颜色显示、结构柱顶与结构柱底偏移、结构柱材料强度设置，具体操作见图 4-14。

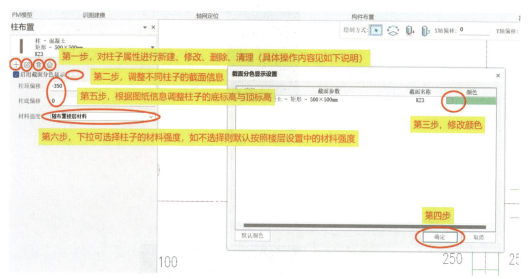

图 4-14　调整结构柱的属性信息

（1）修改功能：与新建类似，单击修改按钮 后将弹出"修改"对话框，其中的参数与当前选择的截面信息保持一致。用户可在该窗口内修改结构柱截面信息，单击"确认"后即可修改本截面。

（2）删除功能：单击删除按钮 将删除当前截面下拉栏中选择的截面。对于已经被布置的结构柱截面，将有是否删除二次确认弹窗提示。

（3）清理功能：单击清理按钮 将清除在所有楼层中未被布置的截面。该功能有是否清理二次确认弹窗提示，确认后可执行清理。

（4）截面分色显示功能：可在二维和三维的状态下，将同种截面参数（包括材料类别、截面类型、截面尺寸）的构件作为一种类别，以预设或自定义的颜色显示不同类别的构件。

（5）结构柱顶偏移：指结构柱顶相对于本自然层层顶的高度。结构柱顶高于层顶时为正值，低于层顶时为负值。可以通过调整结构柱顶偏移来建立跃层结构柱。

（6）结构柱底偏移：指结构柱底相对于本自然层层底的高度。结构柱底高于层底时为正值，低于层底时为负值。可以通过调整结构柱底偏移来建立跃层结构柱。

（7）材料强度：定义被布置结构柱的材料强度。该选项默认选择"随布置楼层材料"，此时材料强度从全楼信息中获取，并随之变化。此外，允许从下拉栏中选择其他材料强度等级。在这种情况下，被布置结构柱的材料强度将不跟随全楼信息变化。

> 注：本功能目前仅支持混凝土。

4. 定义异形截面结构柱

柱子布置截面支持自定义多边形绘制，可输入直线和弧线，输入过程中可捕捉用户定义的各个网点，同时左下角会实时显示当前光标位置的坐标值，截面输入完成后会自动生成红色 X 的插入标识（图 4-15）。

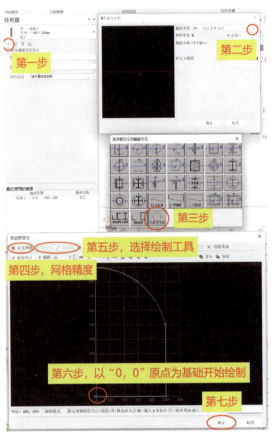

图 4-15 定义异形截面结构柱

（1）定义网格：定义作图时用于捕捉使用的单个网格的代表值，图 4-15 中为横向和纵向均为 100×10 的网格，单个网格代表长度 100。

（2）偏移：可输入节点的 X 向和 Y 向偏移值。如"偏移"按钮打开后，输入 X=30mm，Y=50mm，当鼠标移动到（300，400）的网格点时，会自动在当前选择网点的基础上进行 XY 的偏移，获得（330，450）的点，左下角的坐标也会显示正确的坐标数据。

（3）删除/插入节点：在已绘制截面中增加或删除节点。

（4）线弧转换：可将已绘制截面中线条进行直线和弧线相互切换。

（5）清除重画：清理当前图面重新绘制。

（6）导入和导出：可导出当前的图形定义数据，以备其他工程或截面定义时导入使用。

5. 结构柱布置

设定完成结构柱的属性信息后，可通过单击绘图区域上侧顶部工具条选择绘制方式（图 4-16）。

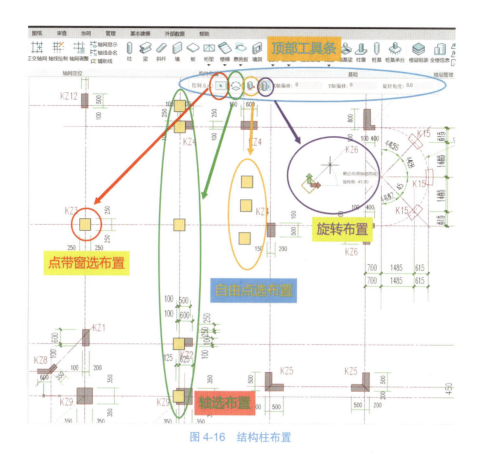

图 4-16 结构柱布置

（1）点带窗选布置：点带窗选布置合并了点选与窗选的方式，在该方式下可点选或窗选布置，仅允许布置在轴线交点处。对于点选功能，将光标靠近轴线交点处即可生成柱截面预览，此时单击鼠标左键即可布置柱。对于窗选布置功能，可按住鼠标左键进行拖动，支持正选或反选，将在轴线交点处生成柱截面预览，此时松开鼠标左键即完成布置。

（2）自由点选布置：在任意位置处绘制柱，不依赖于轴线交点。该功能激活后，柱截面预览将持续跟随光标移动，在任意位置单击鼠标左键即可绘制。

（3）旋转布置：与单点绘制类似，允许在任意点布置后再旋转特定的角度。首先在任意位置单击鼠标左键，出现柱截面预览。然后移动鼠标，柱截面将以 X 轴正方向为起始边开始旋转。最后在任意位置或通过捕捉单击确定第二点，柱将绕形心从第一点旋转至第二点所在角度。

（4）X 轴偏移：柱相对于基点沿构件 X 轴方向偏移的距离，单位为 mm。构件的 X 轴方向的判断与构件是否被旋转有关。当构件没有旋转时，以世界坐标系（WCS）的 X 轴方向作为构件 X 轴方向。当构件被旋转某一角度时，构件 X 轴方向被旋转同样角度。当该数值为正整数时，构件向 X 轴正方向偏移；当该数值为负整数时，构件向 X 轴负方向偏移。

（5）Y 轴偏移：柱相对于基点沿构件 Y 轴方向偏移的距离，单位为 mm。构件 Y 轴方向的判断与构件是否被旋转有关。当构件没有旋转时，以世界坐标系（WCS）的 Y 轴方向作为构件 Y 轴方向。当构件被旋转某一角度时，构件 Y 轴方向被旋转同样角度。当该数值为正整数时，构件向 Y 轴正方向偏移；当该数值为负整数时，构件向 Y 轴负方向偏移。

（6）旋转角度：柱相对于基点沿构件 X 轴方向旋转的角度，单位为度（°）。该数值应保留 1 位小数。当该数值为正数时，构件向逆时针方向旋转；当该数值为负数时，构件向顺时针方向旋转。该参数仅对点带窗选布置和自由点选布置生效，对旋转布置不生效。

（7）拾取角度：该功能为按钮形式。该功能可拾取轴线相对于 WCS 中 X 轴正方向的角度，并用于下一次布置柱过程，简化用户获得角度的过程。以逆时针方向为正方向。

4.2.2 结构柱识别建模

利用"识别构件"功能，在导入的图纸中选择识别范围（注：选择识别范围，仅能在导入的 DWG 图纸中进行，不可用链接的图纸），选取结构柱图层（图 4-17）。

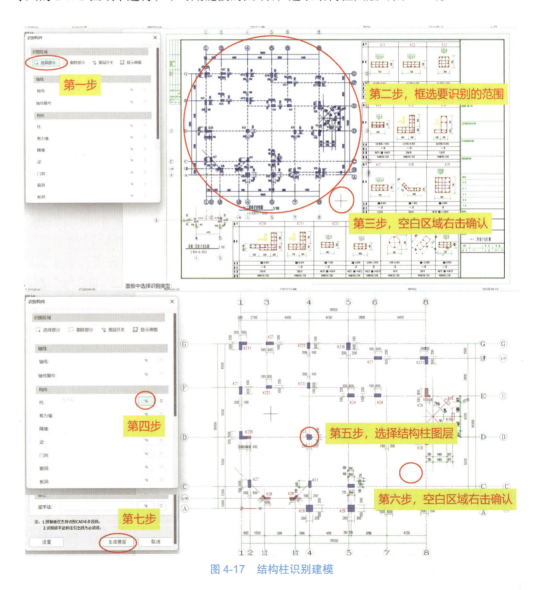

图 4-17 结构柱识别建模

识别完成后需要在三维状态下确认是否识别完全，如有遗漏请勿重复使用"识别构件"命令，用单构件绘制方法逐一补充（图 4-18）。

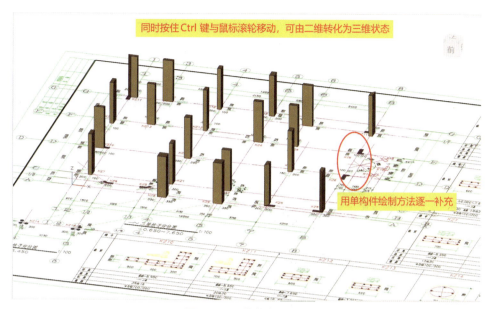

图 4-18 三维状态下确认

4.3 结构梁建模

4.3.1 结构梁绘制

1. 整体布置流程

布置梁的整体流程如图 4-19 所示。首先在梁布置栏中选择希望被布置的截面，设置梁的偏移、旋转和材料强度参数后，再使用模型操作视图区顶部工具条中的布置方式进行布置。

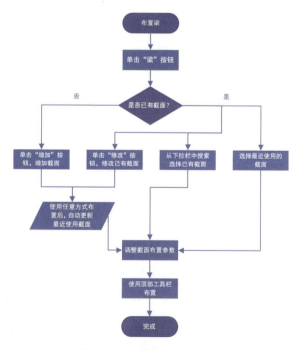

图 4-19 布置梁的整体流程

2. 新建梁

单击"建模"选项栏目中部位置"构件布置"区域的"梁"按钮，在左侧梁布置栏中单击"+"设定梁的具体参数信息，具体操作步骤如图4-20所示。

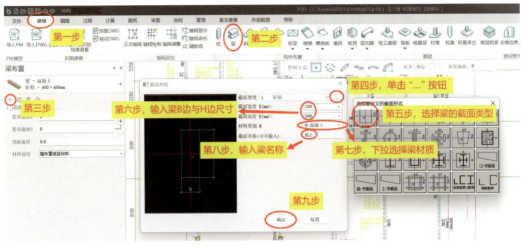

图 4-20　新建梁

3. 调整梁的属性信息

调整梁信息包括新建、修改、删除、清理、不同梁截面分颜色显示、梁顶偏移1（绘制起点）与梁顶偏移2（绘制终点）的偏移尺寸、绕轴旋转、梁材料强度设定，具体操作见图4-21。

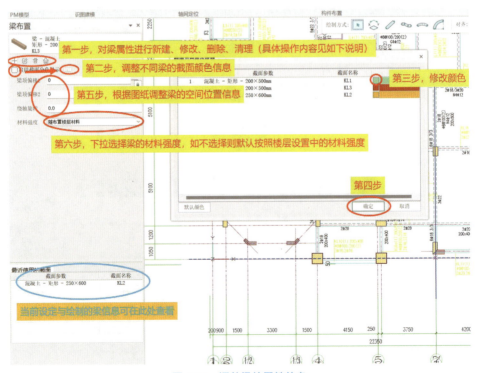

图 4-21　调整梁的属性信息

(1)修改功能：与新建功能类似，单击修改按钮 ![icon] 后将弹出"修改"对话框，其中的参数与当前选择的截面信息保持一致。用户可在对话框内修改梁截面信息，单击"确认"后即可修改截面。

(2)删除功能：单击删除按钮 ![icon] 将删除当前选择的截面。对于已经被布置的梁截面，将有是否删除二次确认弹窗提示。

(3)清理功能：单击清理按钮 ![icon] 将清除在所有楼层中均未被布置的截面。该功能有是否清理二次确认弹窗提示，确认后可执行清理。

(4)截面分色显示功能：可在二维和三维的状态下，将截面参数（包括材料类别、截面类型、截面尺寸）相同的构件作为一种类别，颜色相同。以预设或自定义的颜色显示不同类别的构件。

(5)梁顶偏移1/梁顶偏移2：梁1端和2端（梁两侧端点）与所选楼层层顶标高在Z轴方向的距离。正数对应Z轴正方向偏移，负数对应Z轴负方向偏移，单位为mm。梁顶偏移1和梁顶偏移2支持互相锁定，被锁定后两个参数将保持一致。单击右侧的锁定按钮即可切换锁定或解锁状态。

(6)绕轴旋转：定义梁绕基线旋转的角度，单位为"度"（°）。梁的基线位于梁顶，在没有基线偏移的情况下，基线一般与几何中心线重合。

(7)材料强度：定义被布置梁的材料强度。该选项默认选择"随布置楼层材料"，此时材料强度从全楼信息中获取，并随之变化。

4. 梁布置

设定完成梁的属性信息后，可通过单击绘图区域上侧顶部工具条选择布置方式（图4-22）。

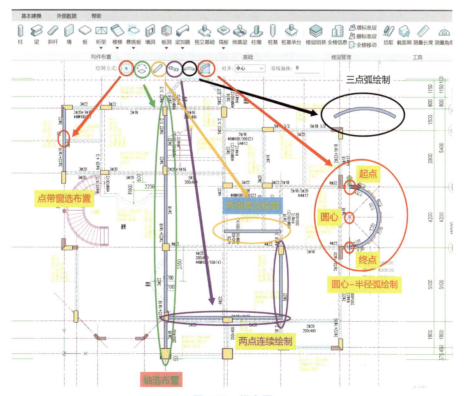

图4-22 梁布置

（1）点带窗选布置：点带窗选布置合并了点选与窗选的方式，可点选或窗选布置，该方式依赖于轴线段定位，仅允许布置在轴线段处。对于点选功能，将光标靠近轴线段处即可显示柱截面预览，此时单击鼠标左键即可布置。对于窗选布置功能，可按住鼠标左键进行拖动，支持正选或反选，将在轴线段处生成梁截面预览，此时松开鼠标左键即可布置。梁构件布置之后会生成基线，当梁基线发生重合时，后布置的梁将会替换先布置的梁。

（2）两点单次绘制：该功能可在任意两点之间绘制梁，不依赖轴线定位。单击"两点单次"按钮，单击确定第一点，此时移动鼠标可看到梁构件预览。然后可在动态面板中输入距离和/或角度以确定第二点，或单击选择第二点，完成两点单次绘制构件。

（3）两点连续绘制：以两点单次绘制为基础，两点连续绘制支持连续绘制多首尾连接的直梁。该功能操作方法与两点单次绘制保持一致。单击鼠标右键完成最后一段绘制过程。

（4）三点弧绘制：以圆弧的三点，包括两个端点和一个圆弧中点，绘制弧形梁。该绘制方式不依赖轴线定位。单击"三点弧"按钮，鼠标选择第一点，单击以确定。单击第一点后，用户可在动态面板中输入距离和/或角度以确定第二点，此时显示构件预览。接着，移动鼠标以布置第三点。第三点的位置可为任意位置，或通过捕捉、输入角度和/或半径数值的方法确定。若第三点与之前两点共线，则该构件不能生成。

（5）圆心-半径弧绘制：以圆弧的圆心、半径、弧度绘制弧形梁。该绘制方式不依赖轴线定位。单击"圆心-半径弧"按钮，鼠标选择第一点（圆心），单击以确定。单击第一点后，用户可在动态面板中输入半径以确定第二点（圆弧起点位置），或使用捕捉功能选择第二点。此时显示完整圆形预览。接着，用户可在动态面板中输入角度以确定第三点（圆弧终点位置），或使用捕捉确定，完成圆弧绘制。

（6）对齐：该参数是下拉菜单形式，包括"左""中心""右"，支持快速改变梁的对齐边。

（7）基线偏移：构件几何中心线与构件基线的相对距离。正数对应构件向右偏移，负数对应构件向左偏移，单位为mm。该参数与"对齐"参数联动。

4.3.2 斜杆（斜梁）绘制

1. 整体布置流程

布置斜杆（斜梁）的整体流程如图4-23所示。首先在斜杆布置栏中选择希望被布置的截面，设置始端偏移、末端偏移、绕轴旋转、材料强度后，可再使用模型操作视图区顶部工具条中的布置方式进行布置。

2. 斜杆（斜梁）的新建、信息调整与布置

斜杆（斜梁）的新建与矩形框架梁的方法一致，此处不再赘述，请参考4.3.1节的第二部分。

斜杆（斜梁）的信息调整与布置有所不同，需要同时考虑"X、Y、Z"三个坐标的空间位置信息。图4-24为调整与绘制的过程，图4-25为最终调整参数后绘制的三维呈现效果。

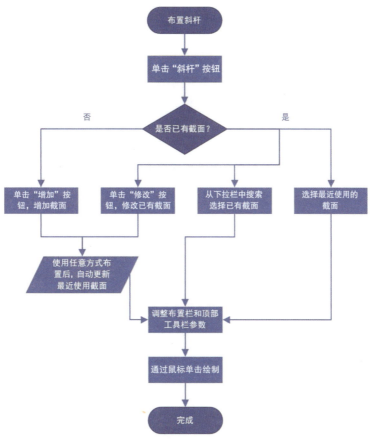

图 4-23 布置斜杆（斜梁）的整体流程

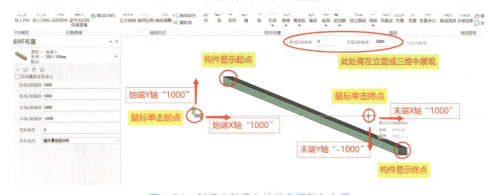

图 4-24 斜杆（斜梁）的信息调整与布置

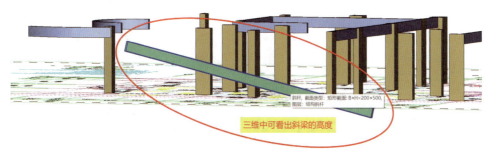

图 4-25 三维呈现效果

（1）始端 X 轴、Y 轴、Z 轴偏移：指斜杆布置时的起始端在世界坐标系下 X 轴、Y 轴、Z 轴方向上的偏移值。斜杆始端沿 X 轴、Y 轴、Z 轴正方向偏移时为正值，沿 X 轴、Y 轴、Z 轴负方向偏移时为负值。

（2）末端 X 轴、Y 轴、Z 轴偏移：指斜杆布置时的结束端在世界坐标系下 X 轴、Y 轴、Z 轴方向上的偏移值。斜杆末端沿 X 轴、Y 轴、Z 轴正方向偏移时为正值，沿 X 轴、Y 轴、Z 轴负方向偏移时为负值。

（3）与层高相同：该参数为复选框形式，仅与"末端 Z 轴偏移"关联。当复选框未被勾选时，"末端 Z 轴偏移"输入框中允许输入任意数值。当复选框被勾选时，"末端 Z 轴偏移"输入框中的数值被替换为本层层高。

3. 正常绘制后的梁调整为斜梁

在完成正常绘制的梁后，单击已经绘制好的梁，在左侧"属性"栏中可以针对"梁顶偏移 1（mm）"与"梁顶偏移 2（mm）"调整梁的起点与终点高度，"基线偏移（mm）"命令可对梁整体进行调高或调低（图 4-26）。

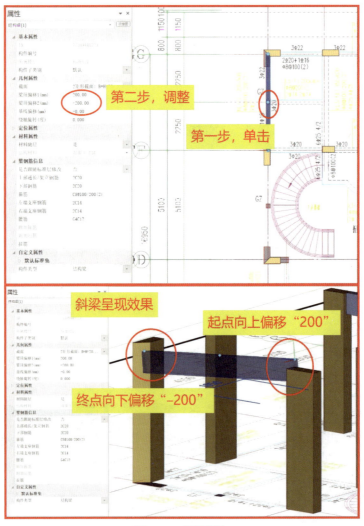

图 4-26　斜梁调整

注1：此方法可用于大量斜梁建模过程中的便捷操作。
2：此方法在大量框选统一变斜梁操作过程中如出现卡顿问题，可在"文件"选项栏目中选择"设置"命令，在弹出的"配置管理"对话框中选择"硬件加速"，勾选"开启高性能模式"得以解决（图4-27）。

图 4-27　斜梁调整过程中卡顿处理方法

4.3.3　布置梁加腋

软件可实现梁上、下、左、右四个方向的加腋处理，具体操作如图4-28、图4-29和图4-30所示。

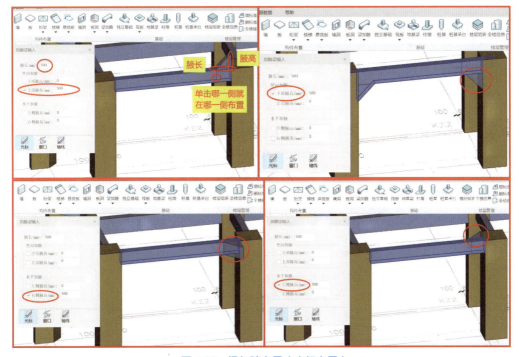

图 4-28　梁加腋布置（光标布置）

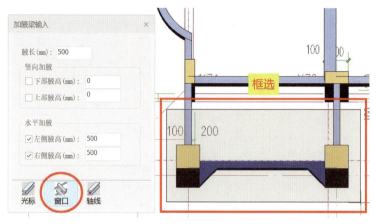

图 4-29　梁加腋布置（窗口布置）

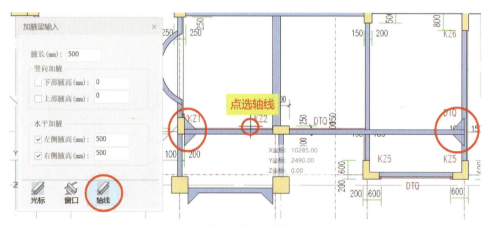

图 4-30　梁加腋布置（轴线布置）

（1）腋长：梁加腋沿梁轴线水平长度。

（2）下部/上部腋高：梁加腋竖向高度。

（3）左侧/右侧腋高：梁加腋水平高度。

（4）光标布置方式：点选布置梁加腋时，用户选择单根梁的某一侧，即可完成梁加腋的布置。

（5）轴线布置方式：当多个梁在一条直线时，只需选中轴线即可快速实现多个梁两侧腋角的布置。

（6）窗口布置方式：用户通过两点拖拽的方式进行窗选，在窗选范围内的梁两侧将会自动布置腋角。

4.3.4　梁识别建模

1. 梁识别与梁平法识别

利用"识别构件"功能，在导入的图纸中选择识别范围（注：选择范围识别，仅能在导入的 DWG 图纸中进行，不可在链接的图纸中选择），选取梁图层与梁平法图层（图 4-31）。

第 4 章 结构专业建模

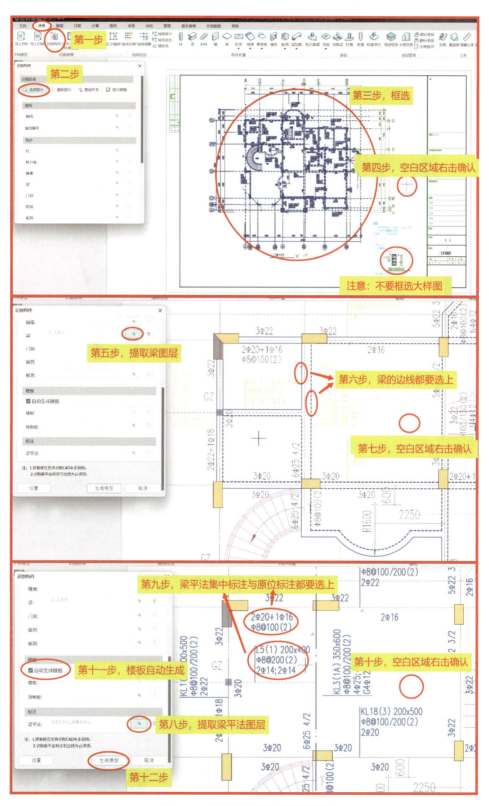

图 4-31 梁识别与梁平法识别建模

识别完成后需要在三维状态下确认是否识别完全，如有遗漏请勿重复使用"识别构件"命令，用单构件绘制方法逐一补充（图4-32）。

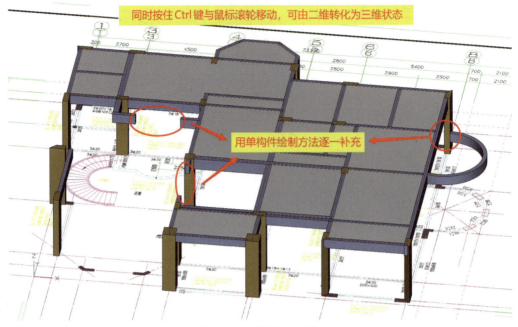

图4-32 三维状态下确认

2. 梁平法识别结果查看

该功能可对图模进行对比检查并显示结果。单击"梁平法识别结果查看"按钮，双击列表中构件可高亮显示有问题的构件。表格下方按钮可对已选择构件问题进行忽略、修改或者取消选择处理（图4-33）。

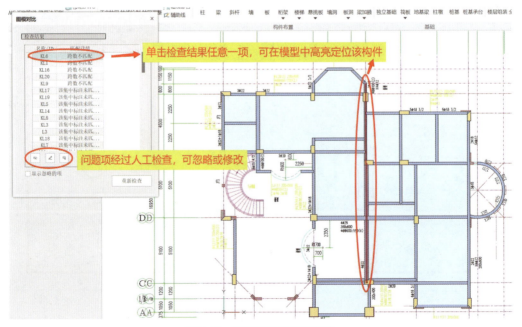

图4-33 梁平法识别结果查看

4.4 结构板建模

4.4.1 结构板绘制

1. 整体布置流程

布置板的整体流程如图 4-34 所示。首先在板布置栏中选择希望被布置的截面，设置错层值参数和材料强度参数后，再使用模型操作视图区顶部工具条中的布置方式进行布置。

注：板仅可在由梁或墙围成的闭合区域内生成。

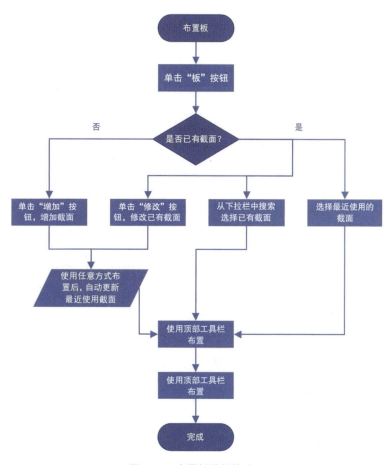

图 4-34　布置板的整体流程

2. 新建板

单击"建模"选项栏目中部位置"构件布置"区域的"板"按钮，在左侧板布置栏中单击"+"设定板的参数信息，具体操作步骤如图 4-35 所示。

3. 调整板的属性信息

调整板属性信息包括新建、修改、删除、清理、不同截面板分颜色显示、错层值、板材料强度设定，具体操作见图 4-36。

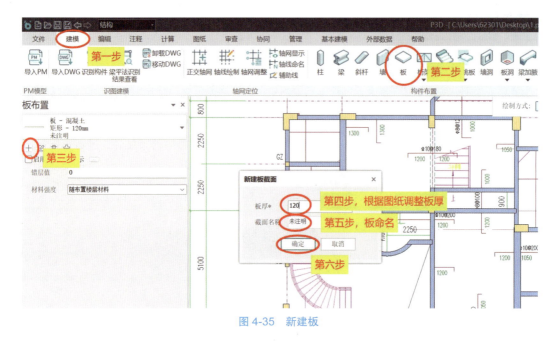

图 4-35　新建板

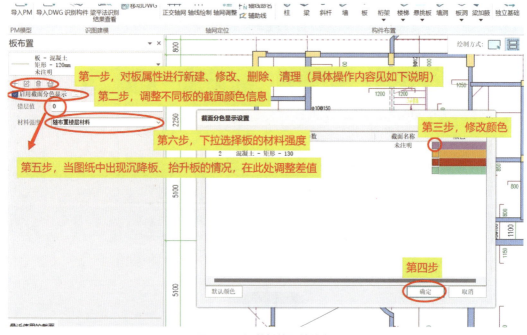

图 4-36　调整板的属性信息

（1）修改功能：与新建类似，单击修改按钮 后将弹出"修改"对话框，其中的参数与当前选择的截面信息保持一致。用户可在该窗口内修改板截面信息，单击"确认"后即可修改板截面。

（2）删除功能：单击删除按钮 将删除当前截面下拉栏中选择的截面。对于已经布置的板截面，将有是否删除二次确认弹窗提示。

（3）清理功能：单击清理按钮 将清除在所有楼层中均未布置的截面。该功能有是否清理二次确认弹窗提示，确定后可执行清理。

（4）截面分色显示功能：可在二维和三维的状态下，将同种截面参数（包括材料类别、截面类型、截面尺寸）的构件作为一种类别，以预设或自定义的颜色显示，不同类别的构件颜色不同。

> 注：板的截面分色显示功能还可根据分区、净高等功能进行调整。

（5）错层值：指板顶相对于本自然层层顶的距离。板顶高于层顶时为负值，低于层顶时为正值。可以通过调整错层值来布置层间板，如图 4-37 所示。

> 注：当板顶标高相同时，新布置的板将代替原位置的板。

图 4-37　错层板布置示例

4. 板布置

设定完成板的属性信息后，可通过单击绘图区域上侧顶部工具条选择绘制方式（图 4-38）。

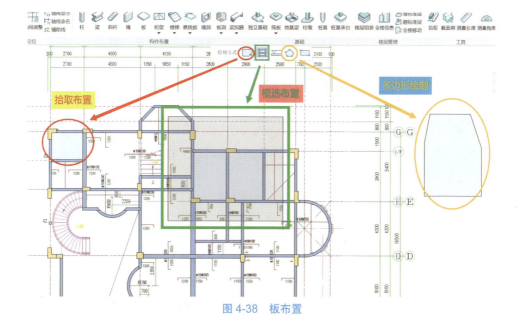

图 4-38　板布置

（1）拾取布置：该功能可找到光标所在位置的最小围合范围，并以指定的板厚和错层值生成楼板。

（2）框选布置：该功能允许通过两点的方式进行框选，找到框选范围内由梁或墙组成的封闭区域，在每个封闭区域将布置楼板。

（3）标高布置：该功能允许找到本楼层层顶标高上所有由梁或墙形成的闭合区域，并在每个区域布置楼板。

（4）多边形绘制：该功能允许在图面上任意确定定位点后，根据被拾取的点自动组成一个封闭区域并生成楼板。

> 注：各定位点仅需单击一次，确定最后一个定位点后，右击即可生成楼板，无需再次单击起点。

（5）矩形绘制：该功能允许以两对角点确定的矩形为范围生成楼板。在任意位置或通过捕捉单击确定第一点。移动光标，再次单击确定第二点，即可生成矩形楼板。

4.4.2 悬挑板绘制

1. 悬挑板的新建与信息调整

悬挑板的新建信息包括悬挑长度、板宽度、厚度等信息（图4-39）。悬挑板的属性修改与结构板一致，此处不再赘述。

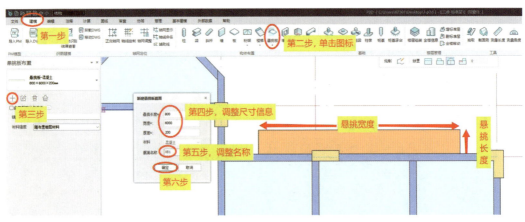

图4-39 悬挑板的新建

2. 悬挑板的布置

悬挑板布置提供了五种布置方式，分别是：自由绘制、全长布置、自由布置、中心布置、垛距布置（图4-40）。

（1）自由绘制：通过在梁（或墙）构件上单击第一点和第二点来确定悬挑板的宽度，悬挑板的悬挑长度、宽度取自下拉栏当前截面。绘制的过程中，第一点和第二点沿梁（或墙）纵向均不能超界。

（2）全长布置：悬挑板的宽度同梁（或墙）长度，悬挑板的悬挑长度、宽度取自下拉栏当前截面。

（3）自由布置：在下拉栏选择当前截面，可以将悬挑板放置在梁（或墙）任意位置处。

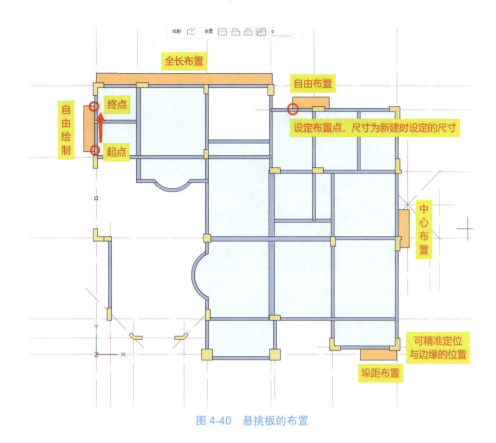

图 4-40 悬挑板的布置

（4）中心布置：在下拉栏选择当前截面，可以将悬挑板放置在梁（或墙）中点位置处。

（5）垛距布置：在下拉栏选择当前截面，并根据输入的垛宽值，可以将悬挑板放置在距离梁（或墙）端部一定距离处。

> 注：悬挑板布置依附于墙或梁构件，在绘制或布置过程中不支持超界。悬挑板相对于梁或墙的两侧距离可以通过鼠标左键选择。

4.5 结构墙体建模

4.5.1 结构墙绘制

1. 整体布置流程

布置结构墙的整体流程如图 4-41 所示。首先在结构墙布置栏中选择希望布置的截面，设置墙顶偏移、墙底偏移参数和材料强度参数后，再使用模型操作视图区顶部工具条中的布置方式进行布置。

2. 新建结构墙

以工程图纸为例进行创建结构墙，因其结构墙位于 −3.000～±0.000 位置，与前文所讲的柱、梁、板构件不在同一楼层，故需新建标准层进行创建，新建的标准层建议取名为"地下室层",方便后续楼层组装时加以区分(图4-42)。

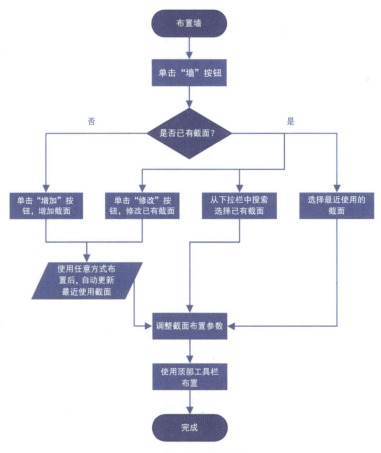

图 4-41　布置结构墙的整体流程

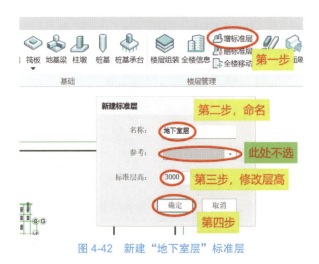

图 4-42　新建"地下室层"标准层

完成标准层创建后,双击"项目浏览器"中"标准层区域"的"地下室层",单击"建模"选项栏目中部位置"构件布置"区域的"墙"按钮,在左侧板布置栏中单击"+"设定结构墙的参数信息,具体操作步骤如图4-43所示。

第 4 章 结构专业建模

图 4-43 新建结构墙

3. 调整墙的属性信息

调整墙的属性信息包括新建、修改、删除、清理、分颜色显示、墙顶偏移1、墙顶偏移2、墙底偏移、材料强度设定等，具体操作见图 4-44。

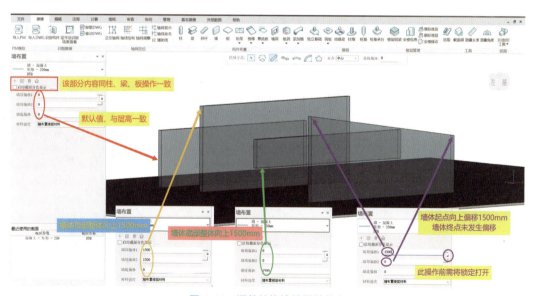

图 4-44 调整结构墙的属性信息

（1）修改功能：与新建类似，单击修改按钮 后将弹出"修改"对话框，其中的参数与当前选择的截面信息保持一致。用户可在该窗口内修改墙截面信息，单击"确认"后即可修改当前截面。

（2）删除功能：单击删除按钮 将删除当前截面下拉栏中选择的截面。对于已经布置的墙截面，将有是否删除二次确认弹窗提示，确定后可执行删除。

（3）清理功能：单击清理按钮 🗑 将清除在所有楼层中均未被布置的截面。该功能有是否清理二次确认弹窗提示，确定后可执行清理。

（4）截面分色显示功能：可在二维和三维的状态下，将同种截面参数（包括材料类别、截面类型、截面尺寸）的构件作为一种类别，以预设或自定义的颜色显示，不同类别的构件以不同颜色显示。

（5）墙顶偏移1/墙顶偏移2：墙1端和2端（墙两侧端点）与所选楼层层顶标高在Z轴方向的距离。正数对应Z轴正方向偏移，负数对应Z轴负方向偏移，单位为mm。墙顶偏移1和墙顶偏移2支持互相锁定，被锁定后两个参数将保持一致。单击右侧的锁定按钮即可切换锁定或解锁状态（图4-44）。

（6）墙底偏移：正数对应Z轴正方向偏移，负数对应Z轴负方向偏移，单位为mm（图4-44）。

（7）材料强度：定义被布置墙的材料强度。该选项默认选择"随布置楼层材料"，此时材料强度从全楼信息中获取，并跟随变化。此外，允许从下拉栏中选择其他材料强度等级。在这种情况下，被布置墙的材料强度将不跟随全楼信息变化。

4. 墙布置

设定完成结构墙的属性信息后，可通过单击绘图区域上侧顶部工具条选择绘制方式（图4-45）。

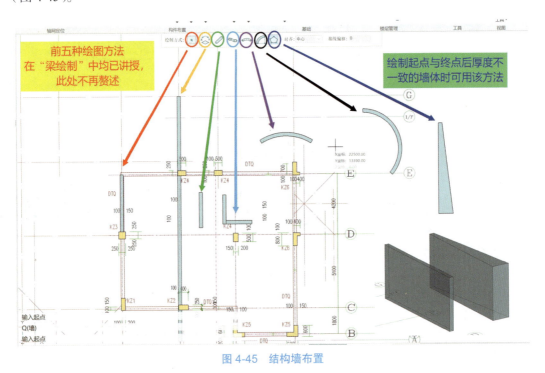

图4-45　结构墙布置

（1）点带窗选布置：点带窗选布置合并了点选与窗选的方式，可进行点选或窗选布置。该方式依赖于轴线段定位，仅允许布置在轴线段上。对于点选功能，将光标靠近轴线段处即可显示墙截面预览，此时单击即可布置。对于窗选布置功能，可按住鼠标左键进行拖动，支持正选或反选,将在轴线段处生成墙截面预览,此时松开鼠标左键即可布置。

(2)两点单次绘制:该功能可在任意两点之间绘制墙,不依赖轴线定位。单击"两点单次"按钮,单击确定第一点,此时移动鼠标可看到墙构件预览;然后可在动态面板中输入距离和/或角度以确定第二点,或使用鼠标左键单击选择第二点,即可完成两点单次绘制构件。

(3)两点连续绘制:以两点单次绘制为基础,两点连续绘制支持连续绘制多首尾连接的直墙,其操作方法与两点单次绘制保持一致。右击完成最后一段绘制过程。

(4)三点弧形绘制:以圆弧的三点,包括两个端点和一个圆弧中点,绘制弧形墙。该绘制方式不依赖轴线定位。单击"三点弧"按钮,单击选择第一点,在动态面板中输入距离和/或角度以确定第二点,此时显示构件预览。接着,移动鼠标布置第三点。第三点可为任意位置,或通过捕捉、输入角度和/或半径数值的方法确定。若第三点与之前两点共线,则该构件不能生成。

(5)圆心-半径弧形绘制:以圆弧的圆心、半径、弧度绘制弧形墙。该绘制方式不依赖轴线定位。单击"圆心-半径弧"按钮,鼠标选择第一点(圆心),单击以确定。确定第一点后,用户可在动态面板中输入半径以确定第二点(圆弧起点位置),或使用捕捉功能选择第二点,显示完整圆形预览。接着,用户可在动态面板中输入角度以确定第三点(圆弧终点位置),或使用捕捉确定。

(6)对齐:该参数是下拉栏形式,包括"左""中心""右",支持快速改变墙的对齐边(图4-46)。

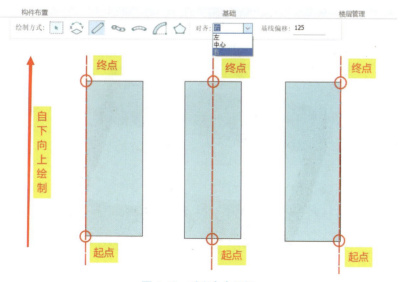

图4-46 对齐命令示例

(7)基线偏移:构件几何中心线与构件基线的相对距离。正数对应构件向右偏移,负数对应构件向左偏移,单位为mm。该参数与"对齐"参数联动。

4.5.2 结构墙识别建模

选择"识别构件"功能,单击"剪力墙"识别命令,选取结构墙图层(图4-47)。

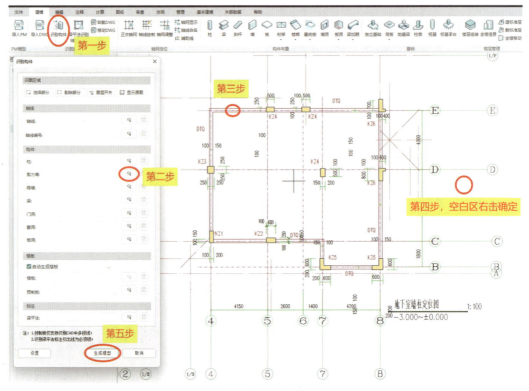

图 4-47 结构墙识别建模

识别完成后需要在三维状态下确认是否识别完全，如有遗漏请勿重复使用"识别构件"命令，用单构件绘制方法逐一补充（图 4-48）。

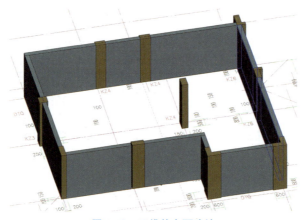

图 4-48 三维状态下确认

4.6 结构楼梯建模

软件包括标准模式和画板模式，可以在以梁或墙围合的区域内布置楼梯。目前，该功能支持剪刀楼梯、双跑楼梯、梁式楼梯、板式楼梯等（注：如遇到其他形式楼梯或异形楼梯可使用"基本建模"方法绘制）。所生成的楼梯分为梯段、梯梁和平台板，支持再次编辑。

单击"楼梯"图标按钮后，选择需要布置楼梯的房间，对应选择到封闭区域后，软件会出现绿色高亮显示（图 4-49）。

在建筑专业建模讲解中针对楼梯绘制方法再加以详述，本部分仅了解结构楼梯绘制的基本功能即可。

> 注：支持在全房间、无楼板位置的闭合区域内进行楼梯布置。

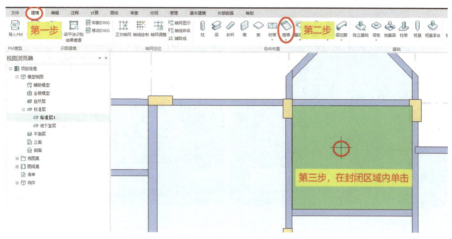

图 4-49　楼梯绘制

1. 标准模式

在标准模式下，可选择所布置楼梯的类型并设置其具体参数（图 4-50）。

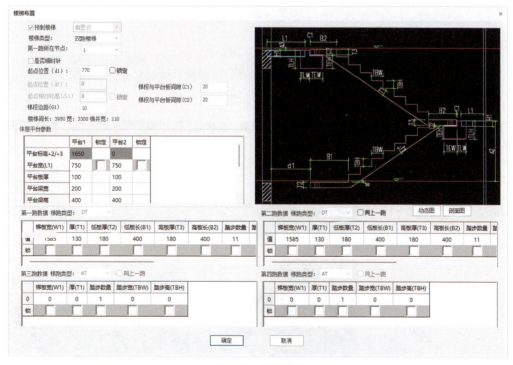

图 4-50　标准模式

2. 画板模式

在画板模式下，支持在一侧的图中修改参数，另一侧的图将同步调整。画板模式目前支持双跑楼梯、剪刀楼梯，其中剪刀楼梯支持分段设计（图 4-51）。

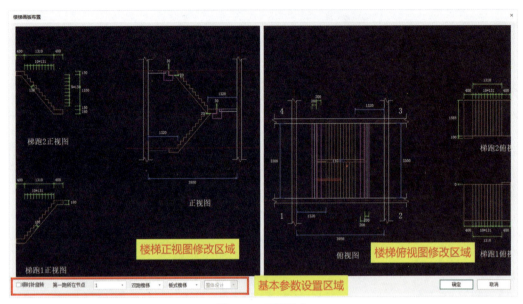

图 4-51　画板模式

4.7　洞口建模

4.7.1　墙洞绘制方法

1. 新建墙洞

单击"建模"选项栏目中部位置"构件布置"区域的"墙洞"按钮，在左侧墙洞布置栏中单击"+"设定墙洞的参数信息，具体操作步骤如图 4-52 所示。

图 4-52　新建墙洞

2. 调整墙洞的属性信息与布置

调整墙洞信息包括新建、修改、删除、清理、调整底部标高等。调整底部标高为重点内容。

设定完成墙洞的属性信息后，可通过单击绘图区域上侧顶部工具条选择绘制方式。在绘制墙洞时，需进入立面状态或三维状态（图4-53）。

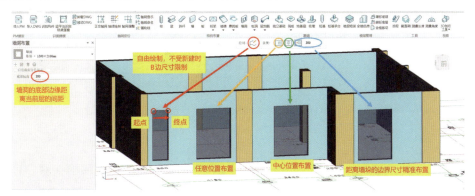

图 4-53 墙洞布置

（1）自由绘制：通过在墙上单击第一点和第二点来确定墙洞的宽度或直径。墙洞为矩形时，墙洞的高度取自下拉栏中当前截面。绘制过程中，第一点和第二点沿墙纵向均不能超界。

（2）自由布置：在下拉栏选择当前截面，可以将墙洞自由放置在墙上任意位置处。

（3）中心布置：在下拉栏选择当前截面，将墙洞放置在墙中点位置处。

（4）垛宽布置：在下拉栏选择当前截面，并根据输入的垛宽值，将墙洞放置在距离墙端部一定距离处。

> 注：墙洞布置依附于墙构件，在绘制或布置过程中不支持超界。一片墙上可以存在多个洞口，但是当洞口重叠时，后布置的洞口会替换已存在的洞口。

4.7.2 板洞绘制方法

1. 新建板洞

单击"建模"选项栏目中部位置"构件布置"区域的"板洞"按钮，在左侧板洞布置栏中单击"+"设定板洞的参数信息，具体操作步骤如图4-54所示。

图 4-54 新建板洞

2. 调整板洞的属性信息

调整板洞信息包括新建、修改、删除、清理、沿轴偏心、偏轴偏心、轴转角等（图 4-55）。

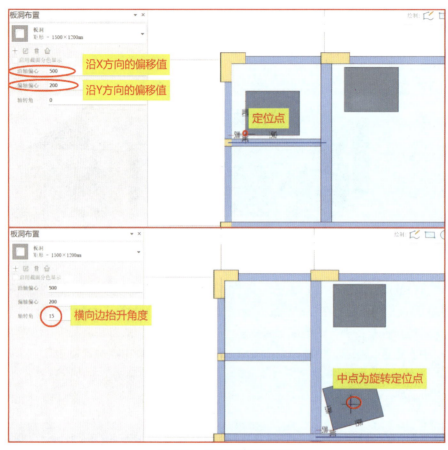

图 4-55　板洞属性信息调整

（1）沿轴偏心：洞口定位点距离所捕捉的板角点沿 X 方向的偏移值。偏移值只能输入正值。

（2）偏轴偏心：洞口定位点距离所捕捉的板角点沿 Y 方向的偏移值。偏移值只能输入正值。

（3）轴转角：绕洞口中心点的旋转角度。

> 注：矩形洞口定位点为距捕捉板角点最近点；圆形洞口定位点为圆心。

3. 板洞布置

设定完成板洞的属性信息后，可通过单击绘图区域上侧顶部工具条选择绘制方式。绘制板洞需进入平面状态（图 4-56）。

（1）自由布置：通过拾取板的角点及沿轴偏心、偏轴偏心、轴转角参数，并根据下拉栏中当前洞口截面来布置洞口。

（2）自由绘制：用连续线绘制任意形状的封闭区域形成洞口。暂不支持弧形边界洞口。

（3）矩形绘制：通过点取矩形对角线的两点来确定矩形洞口的位置及尺寸。

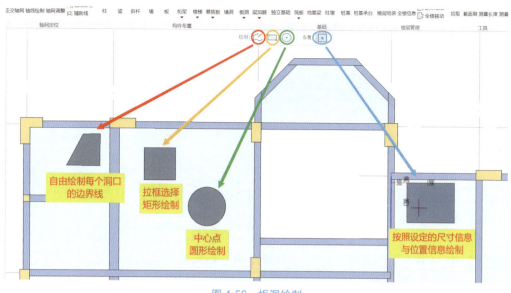

图 4-56　板洞绘制

（4）圆形绘制：通过点取圆心、圆上任意一点，确定圆形洞口的位置及半径。

> 注：板洞布置依附于板构件，在绘制或布置过程中不支持超界。

4. 全房间洞绘制

全房间洞绘制为围合区域整体开洞的方法（图 4-57）。

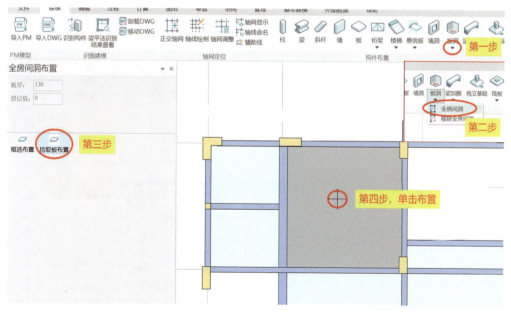

图 4-57　全房间洞绘制

（1）框选布置：框选布置基于现有墙体或者梁构件围成的封闭区域批量进行全房间洞布置，用户通过两点的方式进行框选，在框选范围内的墙体和梁构件作为形成封闭区域的构件，自动计算出封闭区域，形成全房间洞。

（2）拾取板布置：只能在已布置板的区域利用光标选取布置，布置之后全房间洞和板会做颜色上的区分。

4.8 楼层管理

4.8.1 楼层组装

单击"楼层组装"图标后会弹出如图 4-58 所示"楼层组装"对话框。结构建模时，一般会将多个自然层关联至同一标准层。在该标准层进行的结构构件增减操作会自动同步至所有相关自然层，减少了重复操作，提高了工作效率。

楼层组装过程中，会自动获取当前工程中已经定义好的标准层，根据设计需要，通过新建、修改、删除、清理等操作，在左侧的列表框中形成楼层组装列表信息。

楼层组装结果中包含了序号、自然层名、标准层、层高、层底标高，这些列表信息最终形成楼层组装信息，如图 4-59 所示。可通过"楼层组装"命令，根据设定的相应信息实现楼层组装。

图 4-58 楼层组装操作

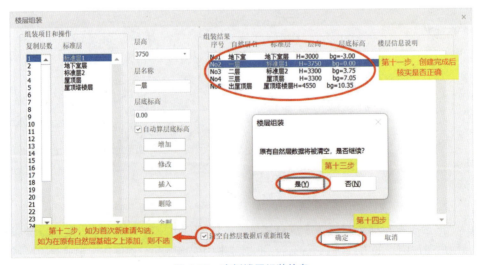

图 4-59 案例楼层组装信息

> 注：勾选"清空自然层数据后重新组装"后，在进行楼层组装时，会把对应自然层内容清空，全部按照标准层内容进行重新组装；取消勾选，在进行楼层组装时，不改变已有自然层内容，仅修改楼层组装中调整的内容。

4.8.2 全楼信息

在"全楼信息"对话框中（图4-60），会列出所有已建标准层。标准层信息表中包含了标准层名、标准层高、板厚、板保护层厚度、混凝土强度等级、主筋级别。其中标准层名这一栏是根据标准层号从小到大排列。标准层高这一栏中的数值为新建该标准层时输入的层高，现已支持修改。其余表中各项信息均支持修改，且支持多选修改。

项目浏览器中当前视口为某一标准层时，标准层信息表中该层输入框底色会变为白色，其余标准层底色为粉红色。当项目浏览器为全楼模型视口时，所有标准层输入框底色均为白色。注意：当输入值为特殊字符或0时，底色会变为红色以作提醒（图4-60）。

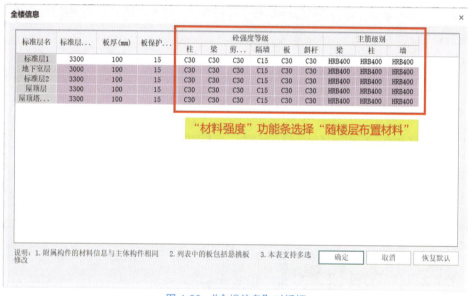

图4-60 "全楼信息"对话框

> 注1：单击"恢复默认"按钮，标准层信息表中的所有输入值均会变为默认值。
> 2：在构件创建及属性修改过程中提到的"材料强度"功能条若选择"随楼层布置材料"，则其值为该处显示的信息。

4.8.3 全楼移动

创建完模型后，如需对结构整体模型进行移动，可通过"全楼移动"功能按钮实现。单击"全楼移动"图标后弹出"全楼移动"对话框（图4-61）。需要用户输入终点坐标X、Y，或通过鼠标选择终点坐标。

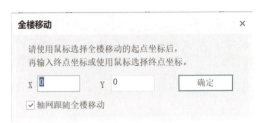

图 4-61 "全楼移动"对话框

注：模型移动的基点为全局坐标原点（0，0）。

4.8.4 楼层复制

楼层复制功能为"自然层"构件间的复制命令，允许将源楼层的全部或部分构件类型复制到被选择的一个或多个楼层。单击"楼层复制"按钮，弹出"楼层复制"对话框，如图 4-62 所示。在左侧的构件列表中，勾选希望被复制的构件类型。源楼层为下拉栏形式，默认选择当前所在楼层，并且允许手动调整。在楼层选择部分，将左侧未选楼层移动至右侧成为已选楼层，可选择一个、多个或所有楼层。

注：允许单击本窗口中的相应按钮，也允许双击未选楼层，以添加目标楼层。双击已选楼层将去掉该楼层。单击"确定"按钮，即可将源楼层中被选中构件复制到目标楼层。

图 4-62 "楼层复制"对话框

4.8.5 局部复制

局部复制功能允许将源楼层的部分构件复制到目标楼层。该功能与楼层复制的区别是：局部复制不区分构件类型，以选择范围作为复制依据。而楼层复制以被选择的构件类型作为复制依据。

单击"局部复制"按钮，在楼层选择部分，将左侧未选楼层移动至右侧成为已选楼层，可选择一个、多个或所有楼层（图 4-63）。

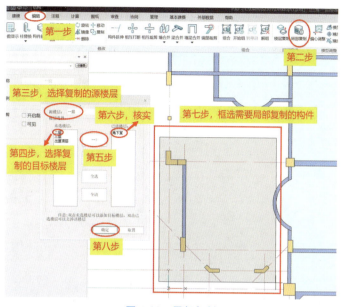

图 4-63 局部复制

注 1：允许单击图 4-63 窗口中的相应按钮，也允许双击未选楼层来添加目标楼层。双击已选楼层将去掉该楼层。
2：单击"确定"前，应通过框选或点选的形式选择模型中的一个或多个构件。完成选择后，单击"确定"按钮，即可将被选中的构件复制到目标楼层。

4.9 结构基础建模

4.9.1 独立基础绘制

1. 新建独立基础

在新建独立基础之前需要完成案例模型的准备工作。进入"自然层一层"，导入案例的基础图纸。通过"视图控制"命令，隐藏"梁、板"等影响观看基础图纸的构件（图 4-64）。

注：独立基础要在"楼层组装"完成后进行布置，独立基础仅能在"自然层"中完成构件布置，且需要有结构柱或结构墙作为定位参照。

单击"建模"选项栏目中部位置"基础"区域的"独立基础"按钮，在左侧独立基础布置栏中单击新建按钮⊞后，弹出独立基础截面定义的对话框，需要选择截面类型（目前支持锥形现浇、锥形杯口、阶形现浇、阶形杯口、锥形短柱、锥形高杯、阶形短柱、阶形高杯），并输入杯口深度、长度、宽度、高度、移心值、钢筋信息等参数。单击"确定"后会返回"独立基础布置"对话框，并在下拉栏中增加截面。具体操作步骤如图 4-65 所示。

> 注：因本案例工程为"桩基承台"基础，下面所讲内容仅为类似尺寸的操作示例。

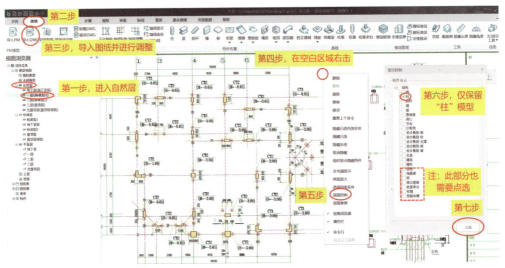

图 4-64 基础布置前准备工作

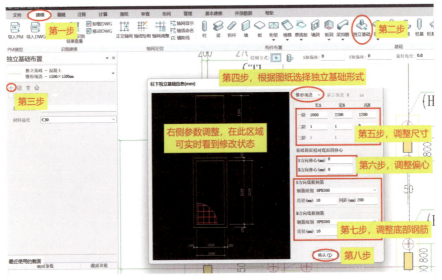

图 4-65 新建独立基础

2. 调整独立基础的属性信息

调整独立基础信息包括新建、修改、删除、清理、基顶标高、材料强度，具体操作见图 4-66。

（1）修改功能：与新建类似，单击修改按钮 后将弹出"修改"对话框，其中的参数与当前选择的截面信息保持一致。用户可在该窗口内修改独立基础截面信息，单击"确认"后即可修改本截面。

（2）删除功能：单击删除按钮 将删除当前截面下拉栏中选择的截面。对于已经被布置的独立基础截面，将有是否删除二次确认弹窗提示。

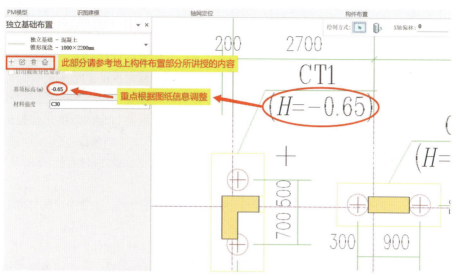

图 4-66 调整独立基础的属性信息

（3）清理功能：单击清理按钮 将清除在所有楼层中均未被布置的截面。该功能有是否清理二次确认弹窗提示，确定后可执行清理。

（4）基顶标高：即独立基础顶部相对 ±0 的偏移值，向上为正，向下为负，默认为 -1.5m。

（5）材料强度：定义被布置独立基础的材料强度。该选项默认选择"C30"，允许从下拉栏中选择材料强度其他等级。

3. 独立基础绘制

设定独立基础的属性信息后，可通过单击绘图区域上侧顶部工具条可以在两种方式中进行选择：点带窗选、旋转布置（图 4-67）。

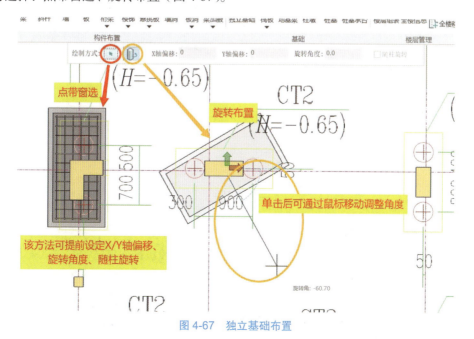

图 4-67 独立基础布置

（1）点带窗选：点带窗选布置合并了点选与窗选的方式，在该方式下可点选或窗选布置。该方式依赖于柱定位，仅允许布置在柱构件对应处。对于点选功能，将光标移动至柱构件处即可显示独立基础截面预览，此时单击即可布置。对于窗选布置功能，可按住鼠标左键进行拖动，支持正选或反选，在柱构件对应处生成独立基础截面预览，此时松开鼠标左键即可布置。

（2）旋转布置：与点选类似，允许在柱下布置后，再旋转特定的角度。首先拾取柱，出现独立基础截面预览，单击鼠标左键，然后移动鼠标，独立基础截面将以 X 轴正方向为起始边开始旋转。接着在任意位置或通过捕捉单击确定第二点，独立基础将绕形心从第一点旋转至第二点所在角度。

（3）X（Y）轴偏移：构件几何中心点与构件基点的相对距离。正数对应构件向右（上）偏移，负数对应构件向左（下）偏移，单位为 mm。

（4）旋转角度：独立基础相对于基点沿构件 X 轴方向旋转的角度，单位为"度"（°），该数值应保留 1 位小数。当该数值为正数时，构件沿逆时针方向旋转；当该数值为负数时，构件沿顺时针方向旋转。

（5）随柱旋转：勾选后，点带窗选布置的独立基础，会根据柱的旋转角度进行独立基础定位。

4.9.2 筏板基础绘制

1. 新建筏板基础

单击"建模"选项栏目中部位置"基础"区域的"筏板"按钮，在左侧筏板布置栏中单击新建按钮 ⊞ 后，弹出"新建筏板截面"对话框。可在该对话框中输入筏板厚度。为方便用户管理截面设置，可不输入截面名称。单击"确认"后即可新建截面（图 4-68）。

图 4-68 "新建筏板基础"对话框

2. 调整筏板基础的属性信息

调整筏板基础信息包括新建、修改、删除、清理、板底标高、材料强度。

（1）修改功能：与新建类似，单击修改按钮 后将弹出"修改"对话框，其中的参数与当前选择的截面信息保持一致。用户可在该窗口内修改筏板截面信息，单击"确认"后即可修改本截面。

（2）删除功能：单击删除按钮 将删除当前截面下拉栏中选择的截面。对于已经被布置的筏板截面，将有是否删除二次确认弹窗提示。

（3）清理功能：单击清理按钮 ![icon] 将清除在所有楼层中均未被布置的截面。该功能有是否清理二次确认弹窗提示，确定后可执行清理。

（4）板底标高：指筏板底部的相对标高值。

（5）材料强度：定义被布置筏板的材料强度，该选项默认选择"C30"，允许从下拉栏中选择材料其他强度等级。

3. 筏板基础布置

设定完成筏板基础的属性信息后，可通过单击绘图区域上侧顶部工具条选择布置方式（图4-69）。

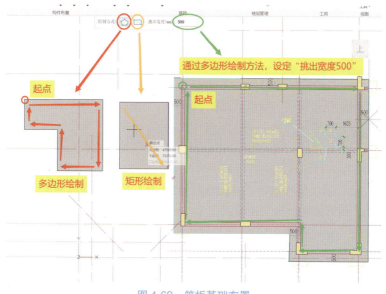

图4-69 筏板基础布置

（1）多边形绘制：通过在图面上拾取确定定位点后，根据被拾取的点自动组成一个封闭区域并生成筏板。请注意：各定位点仅需单击一次，确定最后一个定位点后，右击即可生成筏板，无需再次单击起点。

（2）矩形绘制：该功能允许以两对角点确定的矩形为范围生成筏板。在任意位置或通过捕捉，单击确定第一点；移动鼠标，单击确定第二点，即生成矩形筏板。

（3）挑出宽度：输入挑出宽度后，通过多边形或矩形绘制筏板时，生成的筏板会在选中的范围基础上再挑出对应的宽度。

4.9.3 地基梁绘制

1. 新建地基梁

单击"建模"选项栏目中部位置"基础"区域的"地基梁"按钮，在左侧地基梁布置栏中单击新建按钮 ![icon] 后，将弹出"新建地基梁截面"对话框。可在该对话框中选择截面类型、输入截面数值参数。为方便用户管理截面设置，可不输入截面名称。单击"确认"后即可新建地基梁截面（图4-70）。

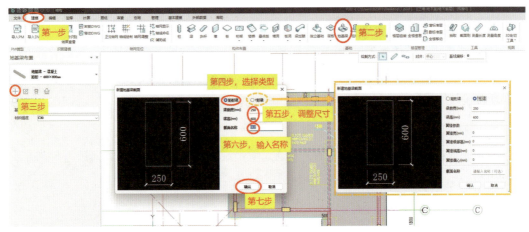

图 4-70 新建地基梁

2. 调整地基梁的属性信息

调整地基梁信息包括新建、修改、删除、清理、基底标高、材料强度。

（1）修改功能：与新建类似，单击修改按钮后将弹出"修改"对话框，其中的参数与当前选择的截面信息保持一致。用户可在该窗口内修改地基梁截面信息，单击"确认"后即可修改本截面。

（2）删除功能：单击删除按钮将删除当前截面下拉栏中选择的截面。对于已经被布置的地基梁截面，将有是否删除二次确认弹窗提示。

（3）清理功能：单击清理按钮将清除在所有楼层中均未被布置的截面。该功能有是否清理二次确认弹窗提示，确定后可执行清理。

（4）基底标高：即地基梁的底部相对标高。

（5）材料强度：定义被布置地基梁的材料强度，该选项默认选择C30。允许从下拉栏中选择材料其他强度等级。

3. 地基梁布置

设定完成地基梁的属性信息后，可通过单击绘图区域上侧顶部工具条选择布置方式（图 4-71）。

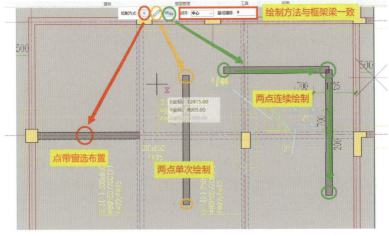

图 4-71 地基梁布置

（1）点带窗选布置：点带窗选布置合并了点选与窗选的布置方式。该方式依赖于轴线段定位，仅允许布置在轴线段处。对于点选功能，将光标靠近轴线段处即可显示地基梁截面预览，此时单击鼠标左键即可布置。对于窗选布置功能，可按住鼠标左键进行拖动，支持正选或反选，将在轴线段处生成地基梁截面预览，此时松开鼠标左键即可布置。

（2）两点单次绘制：该功能可在任意两点之间绘制地基梁，不依赖轴线定位。单击"两点单次"按钮，单击确定第一点，此时移动鼠标可看到地基梁构件预览。在动态面板中输入距离和/或角度以确定第二点，或使用单击选择第二点，完成两点单次绘制构件。

（3）两点连续绘制：以两点单次绘制为基础，两点连续绘制支持连续绘制多条首尾连接的地基梁。该功能操作方法与两点单次绘制保持一致，右击完成最后一段绘制过程。

（4）对齐：该参数是下拉栏形式，包括"左""中心""右"，支持快速改变地基梁的对齐边。

（5）基线偏移：构件几何中心线与构件基线的相对距离。正数对应构件向右偏移，负数对应构件向左偏移，单位为mm。该参数可与"对齐"参数联动。

4.9.4 柱墩绘制

1. 新建柱墩

单击"建模"选项栏目中部位置"基础"区域的"柱墩"按钮，在左侧柱墩布置栏中单击新建按钮 后，将弹出"新建柱墩截面"对话框。可在该对话框中选择截面类型、输入截面参数。为方便用户管理截面设置，可不输入截面名称。单击"确认"后即可新建柱墩截面（图4-72）。

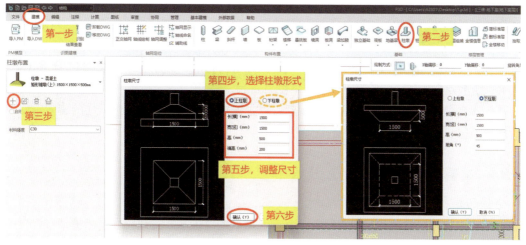

图4-72 新建柱墩截面

2. 调整柱墩的属性信息

调整柱墩信息包括新建、修改、删除、清理、材料强度。具体操作参考"独立基础"属性信息调整部分内容。

3. 柱墩布置

设定完成柱墩的属性信息后，可通过单击绘图区域上侧顶部工具条选择布置方式（图4-73）。

> 注：当同时存在筏板及柱，且柱处于筏板范围上方时，才可布置柱墩。

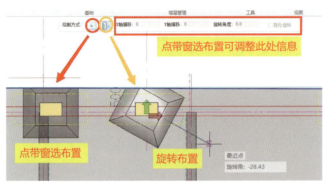

图 4-73 柱墩布置

（1）点带窗选布置：点带窗选布置合并了点选与窗选的方式，在该方式下可点选或窗选布置，该方式依赖于柱定位。对于点选功能，将光标靠近柱构件处即可显示柱墩截面预览，单击即可布置。对于窗选布置功能，可按住鼠标左键进行拖动，支持正选或反选，将在柱构件对应处生成柱墩截面预览，松开鼠标左键即可布置。

（2）旋转布置：允许在拾取柱构件进行柱墩布置后，再旋转特定的角度。首先移动鼠标靠近柱构件，出现柱墩截面预览，单击鼠标左键，然后移动光标，柱墩截面将以X轴正方向为起始边开始旋转。接着在任意位置或通过捕捉单击确定第二点，柱墩将绕形心从第一点旋转至第二点所在角度。

（3）X（Y）轴偏移：构件几何中心线与构件基线的相对距离。正数对应构件向右（上）偏移，负数对应构件向左（下）偏移。单位为mm。

（4）随柱旋转：勾选"随柱旋转"后，点带窗选布置的柱墩，会根据柱的旋转角度进行柱墩定位。

4.9.5 桩基绘制

1. 新建桩基

单击"建模"选项栏目中部位置"基础"区域的"桩基"按钮，在左侧桩基布置栏中单击新建按钮⊞后，将弹出"桩截面定义"对话框（图4-74）。

2. 调整桩基的属性信息

调整桩基信息包括新建、修改、删除、清理、桩基信息、桩顶标高、材料强度。具体功能参考"独立基础"属性信息调整部分。

3. 桩基布置

设定完成桩基的属性信息后，可通过单击绘图区域上侧顶部工具条选择布置方式

（图 4-75）。

图 4-74 "桩截面定义"对话框

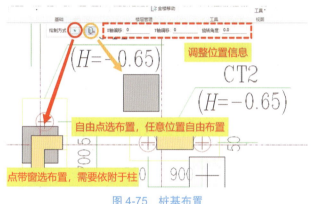

图 4-75 桩基布置

（1）点带窗选布置：点带窗选布置合并了点选与窗选布置。该方式依赖于轴线交点定位，仅允许布置在轴线交点处。对于点选功能，将光标靠近轴线交点处即可显示桩基截面预览，此时单击鼠标左键即可布置。对于窗选布置功能，可按住鼠标左键进行拖动，支持正选或反选，将在轴线交点处生成桩基截面预览，此时松开鼠标左键即可布置。

（2）自由点选布置：可在任意位置处布置桩基，不依赖于轴线交点。该功能激活后，桩基截面预览将持续跟随光标移动，在任意位置单击即可布置。

（3）X（Y）轴偏移：构件几何中心点与构件基点的相对距离。正数对应构件向右（上）偏移，负数对应构件向左（下）偏移。单位为 mm。

（4）旋转角度：桩基相对于基点沿构件 X 轴方向旋转的角度，单位为度（°），该数值应保留 1 位小数。当该数值为正数时，构件向逆时针方向旋转；当该数值为负数时，构件向顺时针方向旋转。

4.9.6 桩基承台绘制

1. 新建桩基承台

单击"建模"选项栏目中部位置"基础"区域的"桩基承台"按钮，在左侧桩基承台布置栏中单击新建按钮⊞后，将弹出"新建桩基截面"对话框（图4-76）。可在该对话框中选择桩类型、承台类型，输入截面参数、桩位坐标等。为方便用户管理截面设置，可不输入截面名称。单击"确认"后即可新建截面。

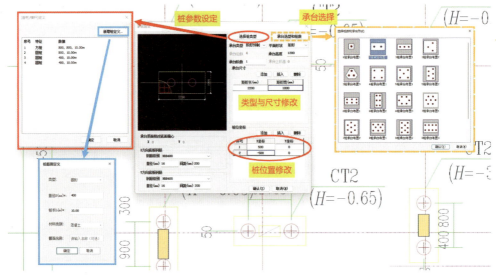

图4-76 "新建桩基承台"对话框

2. 调整桩基承台的属性信息

调整桩基承台信息包括新建、修改、删除、清理、基顶标高、材料强度。具体功能此处不再赘述，请参考"独立基础"属性信息调整部分。

3. 桩基承台布置

设定完成桩基承台的属性信息后，可通过单击绘图区域上侧顶部工具条选择布置方式（图4-77）。

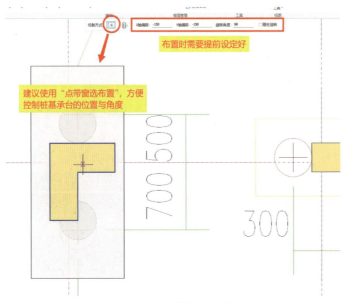

图4-77 桩基承台布置

(1)点带窗选布置:点带窗选布置合并了点选与窗选布置方式,该方式依赖于柱定位。对于点选功能,将光标靠近柱构件,即可显示桩基承台截面预览,此时单击即可布置。对于窗选布置功能,可按住鼠标左键进行拖动,支持正选或反选,将在柱构件对应处生成桩基承台截面预览,松开鼠标左键即可布置。

(2)旋转布置:与点选类似,允许在柱下布置后,再旋转特定的角度。首先拾取柱,出现桩基承台截面预览,单击鼠标左键,然后移动光标,桩基承台截面将以 X 轴正方向为起始边开始旋转。接着在任意位置或通过捕捉单击确定第二点,桩基承台将绕形心从第一点旋转至第二点所在角度。

(3)X(Y)轴偏移:构件几何中心点与构件基点的相对距离。正数对应构件向右(上)偏移,负数对应构件向左(下)偏移,单位为 mm。

(4)旋转角度:桩基承台相对于基点沿构件 X 轴方向旋转的角度,单位为"度"(°),该数值应保留 1 位小数。当该数值为正数时,构件向逆时针方向旋转;当该数值为负数时,构件向顺时针方向旋转。

(5)随柱旋转:勾选"随柱旋转"后,点带窗选布置的桩基承台,会根据柱的旋转角度进行桩基承台定位。

4.10 结构钢筋绘制方法

结构钢筋布置功能在该软件"PKPM-PC"模块中实现,其做法套用装配式构件布置钢筋方法。本节讲解内容以"结构柱"为例,仅涉及钢筋布置操作流程与注意事项讲解,不涉及识图、标准名词、现场还原度等内容的讲解,也不涉及装配式构件专有名词讲解。

在绘制钢筋前,需单击最顶端模块切换命令,切换至"PC 全功能版"(图 4-78)。

图 4-78 钢筋绘制前准备工作

以案例工程一层Ⓐ轴与④轴交汇位置的 KZ9 节点为例进行讲解(图 4-79)。

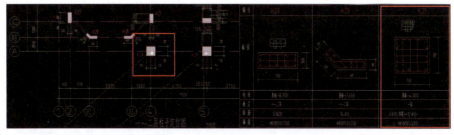

图 4-79 一层 KZ9 节点图纸信息

绘制钢筋前需对待绘制的结构柱进行指定构件处理，具体操作如图 4-80 所示。

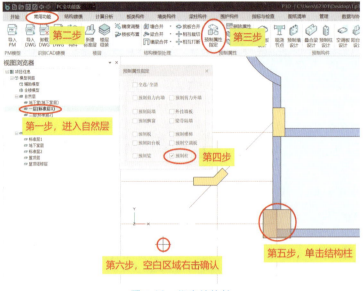

图 4-80　指定结构柱

根据图纸信息调整结构柱钢筋属性信息，具体操作如图 4-81 所示。

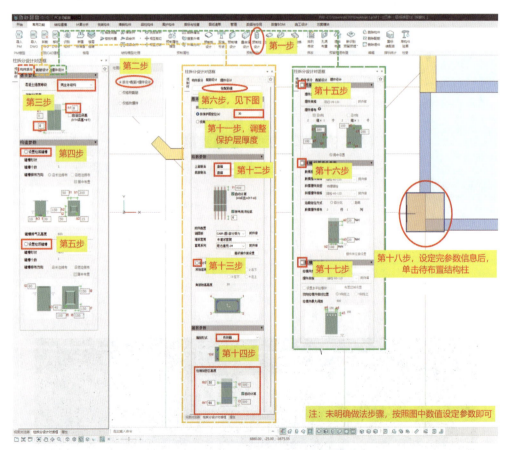

图 4-81　结构柱钢筋属性编辑与布置

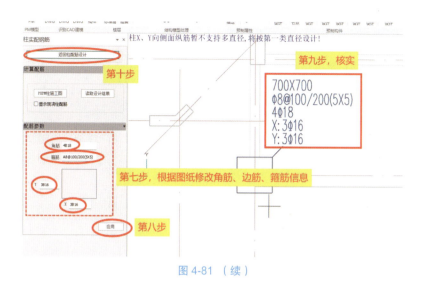

图 4-81 （续）

布置完成的结构柱钢筋三维效果如图 4-82 所示。

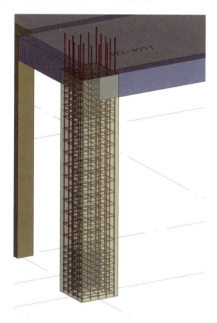

图 4-82 结构柱钢筋布置效果图

结构梁、板、墙等构件的钢筋布置方法与结构柱类似，均利用 PKPM-PC 模块，借用装配式构件布置钢筋的方法实现，此处不再赘述。如想深入学习钢筋的其他知识内容请扫描下方二维码观看视频学习。

结构钢筋学习视频

4.11 结构专业其他操作命令

4.11.1 测量工具

1. 临时测量工具

（1）测量长度：在"建模"选项栏目下，单击"测量长度"按钮，单击起始点，再选择终点位置，就会显示被测量的距离，单位为 mm。支持多次连续测量，右击或按 ESC 键退出命令（图 4-83）。

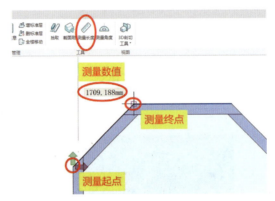

图 4-83　测量长度工具

（2）测量角度：在"建模"选项栏目下，单击"测量角度"按钮，在弹出的对话框中选择投影方向，投影方向支持："无""视图 Z""辅助坐标系 Z"。其中"无"为当前视口平面（包含 3D 视图）；"视图 Z"为投影平面垂直于全局坐标系 Z 方向；"辅助坐标系 Z"为投影方向垂直于设置的工作平面 Z 方向。

首先需要指定一个圆心，然后选择测量角度的 2 个起始边所在的点，右击或按 ESC 键退出命令。点选后可以在对话框中看到显示的角度和弧度值（图 4-84）。

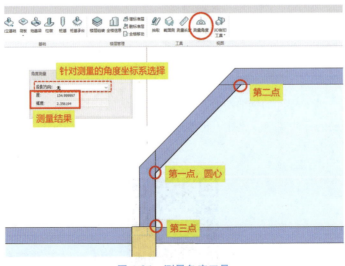

图 4-84　测量角度工具

2. 注释工具

注释测量工具需在"平面层"或"图纸"中进行。创建模型后，软件默认平面层为锁定状态，需通过"管理"选项栏目中的"裁剪显示"命令解锁平面层（图 4-85）。

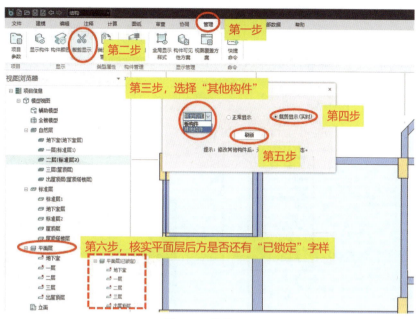

图 4-85　裁剪显示

完成裁剪后进入"平面层"，利用"注释"选项栏目中的"注释工具"进行测量与标注。此功能与 CAD 软件中的注释方式完全一致，此处不再赘述（图 4-86）。

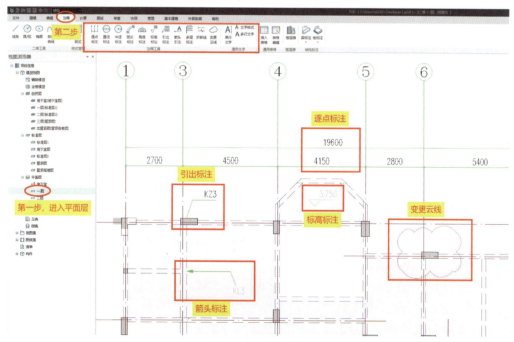

图 4-86　注释工具

4.11.2 构件参数

1. 参数修改

参数修改功能可以批量更改构件的截面参数、材料参数和布置参数，允许对单专业的多参数同时修改。目前程序支持墙、梁、板、柱、墙洞、斜杆、悬挑板等参数修改。在调整构件的参数时，不需要重新建立构件，只需要使用参数修改命令修改即可（图 4-87）。

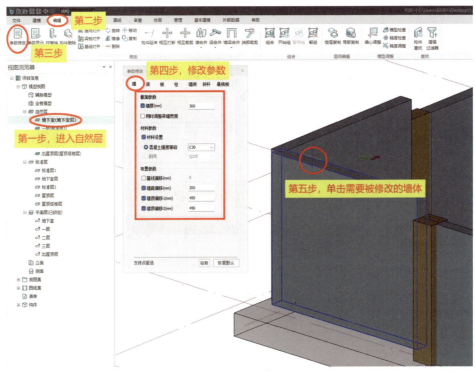

图 4-87 参数修改

（1）单击"恢复默认"按钮时，"参数修改"对话框中所有被修改过的数据都恢复到系统默认状态。

（2）单击"拾取"按钮，程序提示选择构件，当用户选中某个墙构件后，显示该墙的属性参数，用户可直接按照此参数勾选修改项进行墙修改，也可以修改相应参数后再进行墙修改。

> 注：目前支持点选、窗选、围选三种构件选择方式。在当前页面仅对当前构件类型有效。

2. 构件参数

使用构件参数功能可以设置在模型中显示主体构件（柱、梁、斜杆、墙、板）的部分属性，并且支持双击参数后直接修改。

单击"构件参数"按钮，弹出"属性查看"对话框，通过勾选可以设置模型中对应构件的属性。目前支持柱、梁、斜杆、墙、板构件的截面尺寸、材料、编号、偏心标高、错层值的显示。在"属性查看"对话框下面还有调整文字大小的选项，可以通过按钮调整文字大小，也可以在文本框内直接输入数值来调整文字大小。通过双击构件参数，可快速修改内容。目前支持对构件的截面尺寸、材料、偏心偏移值、板错层值进行快速修改。以修改梁截面为例，双击模型中的梁截面尺寸，该参数将变为可编辑模式。用户可直接修改该参数，修改后梁截面将跟随变化（图 4-88）。

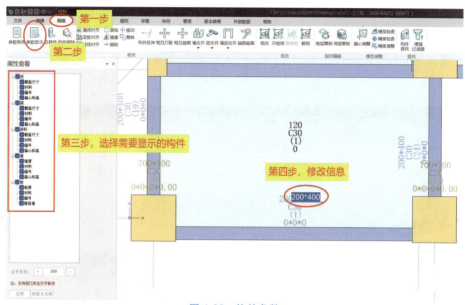

图 4-88　构件参数

3. 构件替换

构件替换提供了梁、柱、墙、斜杆、墙洞的截面替换功能。如需要对特定的柱截面进行替换时，单击"柱替换"按钮后，弹出"截面替换"对话框如图 4-89 所示。左侧选择希望替换的截面，右边选择替换后的截面，再选择要替换的楼层，单击"确定"即可完成替换。

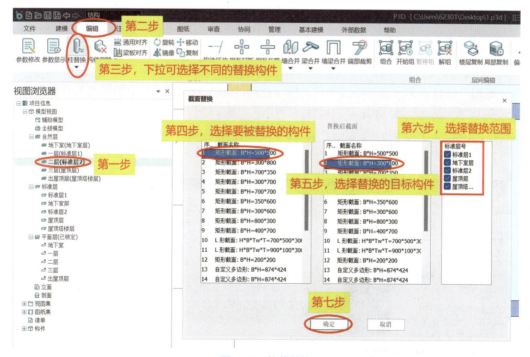

图 4-89　构件替换

> 注：梁替换、墙替换、斜杆替换、墙洞替换功能按钮在柱对齐下拉菜单中，功能与柱替换类似。

4. 构件删除

构件删除提供了按照构件类型快速批量删除构件的功能。单击"构建删除"按钮，可通过勾选的方式选中想要删除的构件类型，之后采用点带窗选的方式选择构件（选择时，只会选择到之前勾选的构件类型），选择到的构件将以高亮状态显示，右击即可确认删除（图4-90）。

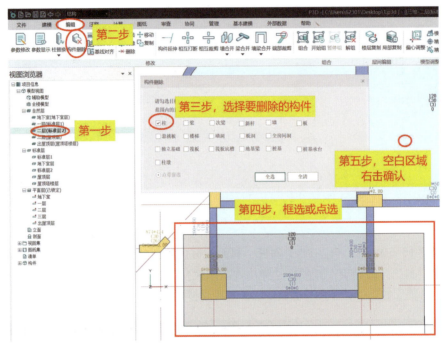

图4-90 构件删除

5. 通用对齐

通用对齐可以实现某一楼层中梁、墙、柱构件沿某个选中边界的快捷对齐操作。以边梁对齐边柱外边缘为例，单击"通用对齐"按钮，命令行上方提示选择构件边，单击要对齐的构件边。根据命令行上方提示选择要对齐的构件，右击确认，此时边梁的外边缘均与边柱外皮对齐（图4-91）。

图4-91 通用对齐

6. 梁板对齐

梁板对齐功能可快速地将梁构件与板构件的顶标高调整一致。单击"梁板对齐"按钮，根据文字提示使用鼠标左键选择梁（板），之后按照提示选择板（梁）。操作过后，第二次选择的板（梁）构件的顶标高会自动调整为与第一次选择的梁（板）构件一致，建议在三维视图中进行操作（图4-92）。

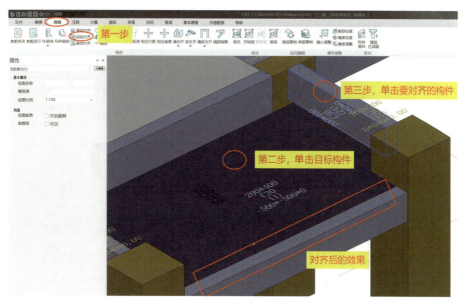

图4-92 梁板对齐

7. 基线对齐

基线对齐功能可快速地将某一构件的基线位置调整至另一构件的基线位置处（两构件原基线需平行），也可将某一构件的基线位置快速调整至轴线处（原基线与轴线需平行）。本功能仅对墙、梁构件生效（图4-93）。

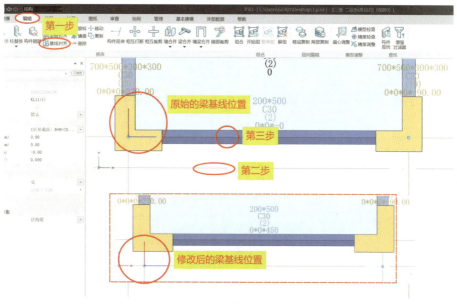

图4-93 基线对齐

4.11.3 构件显示

1. 3D 剖切工具

在绘制局部模型或在模型中要查看局部模型时，可以打开"3D 剖切工具"进行视图裁切。单击"3D 剖切工具"按钮，会以当前模型生成范围框。单击范围框，弹出范围的箭头，拖动箭头可以调整视图范围，实现局部模型查看（图 4-94）。

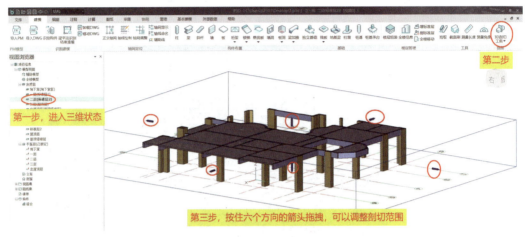

图 4-94 3D 剖切工具

2. 构件显示

通过显示构件功能设置构件显示状态，可将不需要的构件类型取消显示以达到简化模型视图的效果。单击"显示构件"按钮后弹出"显示控制"对话框，通过勾选/取消勾选控制构件类型是否在视图中显示（图 4-95）。

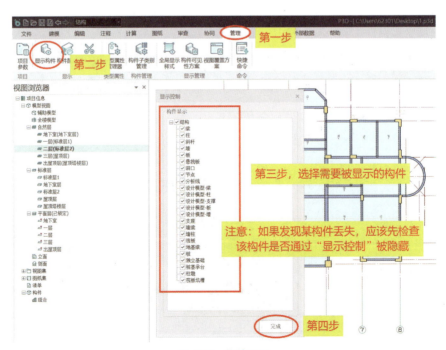

图 4-95 构件显示

> 注：该功能的控制范围为所有楼层。

3. 构件颜色

构件颜色功能允许设置构件的颜色等参数。单击"构件颜色"按钮后，弹出"颜色设置"对话框，左侧为专业，右侧为内容，主要包括：类型、系统色、颜色、透明度、线宽、线型。其中类型栏中包含墙、梁、板、柱等构件。构件颜色为全楼控制，打开时会记忆上次的颜色状态。

若系统色栏中选择"是"，则颜色栏颜色为置灰状态，不允许修改；若系统色选择为"否"，单击颜色栏可以修改颜色，弹出"选择颜色"对话框，可以直接选择标准颜色，也可以通过色卡自定义颜色，选择结束后单击"确定"退出。透明度可以直接输入数值进行修改，数值范围为"0~1"，线宽和线型可以通过下拉框选择修改（图4-96）。

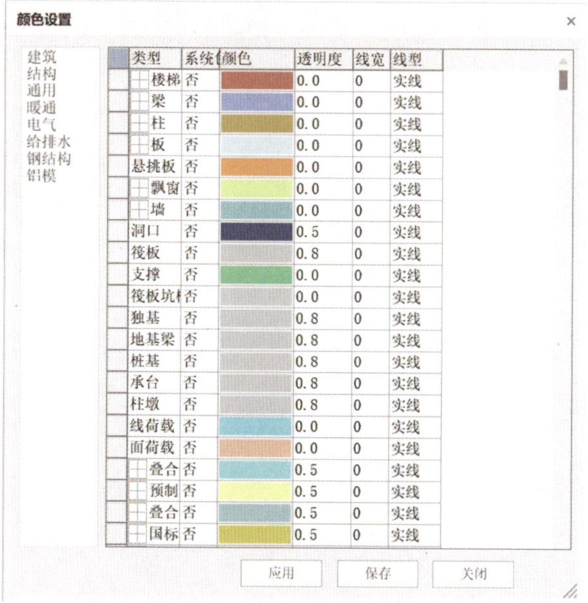

图4-96 构件颜色

第 5 章
建筑专业建模

▶ 章 引

本章全面介绍了 BIMBase 在建筑模型建模中的基本操作及流程化应用，着重强调建模过程的系统性与高效性。完成结构模型绘制后，通过功能模块切换按钮直接切换至"建筑"专业模块，避免设定基点、重复结构标高及套用结构轴网等烦琐操作，从而确保模型的一致性与精度。通过设置建筑楼层标高和调整楼层信息，有效管理建筑与结构标高的差异，确保模型在图纸表现及工程实际使用中的准确性。

本章详细阐述了建筑楼层设置与调整、轴网设置与调整，以及建筑基本墙体、门窗及洞口的绘制方法，涵盖建筑标高的设定、层高及描述的修改、轴线命名与排序等关键步骤。楼层管理部分通过楼层组装功能，实现多个自然层关联至同一标准层，减少重复操作，提高工作效率，并提供楼层信息调整、局部复制及删除等功能，增强楼层管理的灵活性和便捷性。通过系统化的建模流程，全面掌握 BIMBase 在建筑专业中的应用技巧和最佳实践，确保模型的高效、精确和专业性。本章内容旨在通过详细的操作步骤和图文说明，突出模型精度和构件管理，通过优化的流程和工具，确保建模过程的高效和准确，为实际项目中的应用提供坚实的基础。

绘制完成结构模型后，可直接通过软件最上方的功能模块切换按钮，切换至"建筑"专业模块继续绘制（图5-1）。

图 5-1 专业转换

绘制建筑专业模型也可重新创建模型文件，绘制完成后，通过软件"合并"功能实现多专业融合操作。

> 注：如采用新建建筑专业模型的方法，建筑与结构模型需选用统一基点，且新建的建筑模型也需切换至"结构"专业模块，再按照结构标高所设定的"标准层""自然层"完成楼层组装，方可实现建筑与结构专业模型的"合并"。

5.1 建筑专业建模前准备

5.1.1 建筑楼层设置与调整

建筑标高与结构标高在图纸表现及工程项目施工过程中略有不同，主要体现在：

（1）软件原理：软件为了在后续使用中方便对不同构件的分类化处理，将建筑、结构、机电分开建模并引用不同标高。

（2）正向设计流程：在建筑设计过程中，建筑专业根据甲方需求，确定"±0.000"建筑基准标高、建筑层高等内容组成"建筑标高"体系。完成建筑设计后，将建筑图交给结构相关专业，完成结构图纸设计，结构相关专业根据建筑节点图、工程做法表等内容，确定"结构标高"体系。

> 注：建筑标高与结构标高通常偏差为 100~450mm，高差主要为建筑楼板的"找平、防潮、保温、地暖、抹平"等建筑做法厚度，该标高差为示意性标高差。

（3）不同标高实际作用：结构标高在实际施工过程中主要用于"基础、柱、梁、板、墙（建筑及结构）"等相关构件的标高确定，而建筑标高主要用于"基准点确定、室外地坪标高确定、外墙外部装饰层（找平层、保温层、装饰层）"等相关构件的标高确定（图 5-2）。

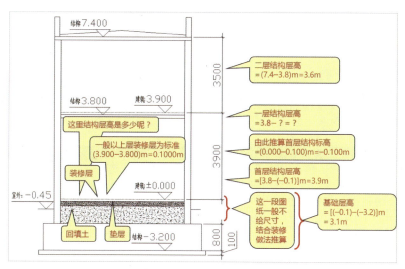

图 5-2　建筑标高注解（引自"搜狐：欣欣向荣学造价"）

1. 建筑楼层设置

根据建筑图中的立面图或剖面图的标高尺寸，单击"建模"选项栏目中的"楼层设置"按钮，设定标高，具体步骤如图 5-3 所示。

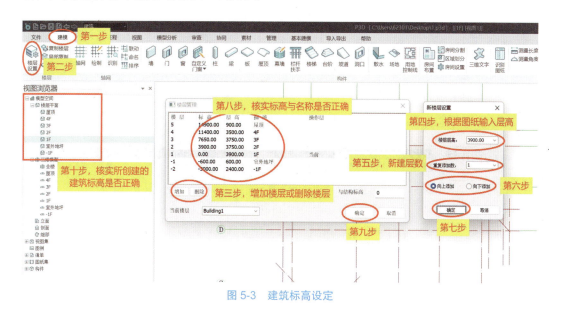

图 5-3　建筑标高设定

（1）增加：选中任意楼层，单击"增加"按钮，弹出如图 5-3 所示"新楼层设置"对话框，通过下拉栏或手动输入"楼层层高"数值，可以修改楼层高度；单击"重复添加数"下拉栏或手动输入数值，可以修改要添加的楼层数量；选择楼层进行"向上/向下添加"，可以向上/向下添加要增加的楼层。

（2）删除：选中任意楼层，单击"删除"按钮，可以删除"楼层管理"对话框中选中的楼层。

（3）层高及描述：双击"楼层管理"对话框中"层高"或"描述"的文本框，可以手动输入层高数值及对应的楼层描述。

（4）与结构标高差：可以手动输入被选中楼层与结构标高差。

2. 复制楼层、局部复制、删除楼层

该功能可针对已在某一楼层创建完成的建筑构件进行批量化或局部构件复制及删除（图 5-4、图 5-5、图 5-6）。

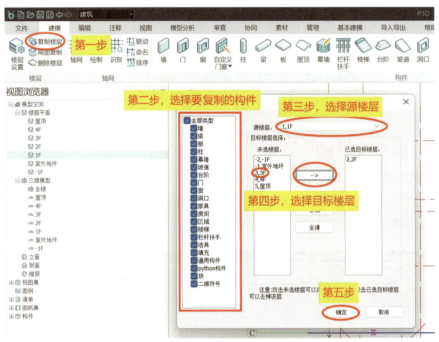

图 5-4　复制楼层

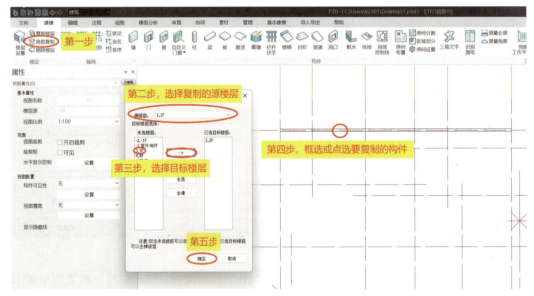

图 5-5　局部复制

第 5 章 建筑专业建模

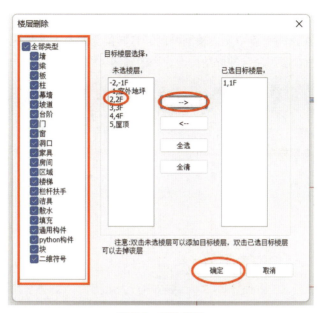

图 5-6 删除楼层

3. 楼层信息调整

在完成楼层新建后，可对楼层的面积、类型进行标记与修改（图 5-7）。

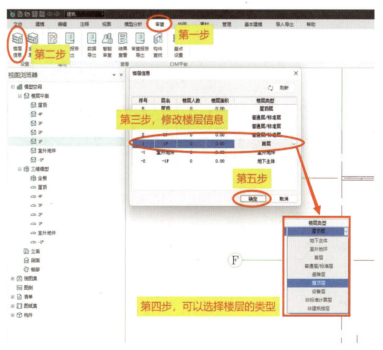

图 5-7 楼层信息调整

5.1.2 轴网设置与调整

1. 轴网设置

在建筑专业中绘制轴网与在结构专业中绘制轴网的方式相同，此处不再赘述，请参见

4.1.3 节~4.1.4 节内容。

如项目前期已在结构专业中完成轴网绘制，且转换为建筑专业后无法看到已绘制好的轴网，可通过"视图参照"命令调取结构专业中的轴网（图 5-8）。

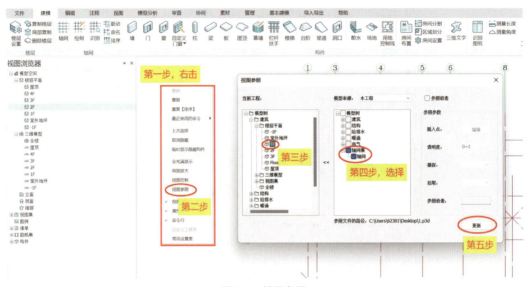

图 5-8　轴网参照

2. 轴网调整

（1）轴线命名

单击"建模"选项栏目中的"命名"按钮，选择需要命名的轴线，弹出"轴号命名"的面板，填写需要修改的信息，单击"确定"完成轴线的命名（图 5-9）。

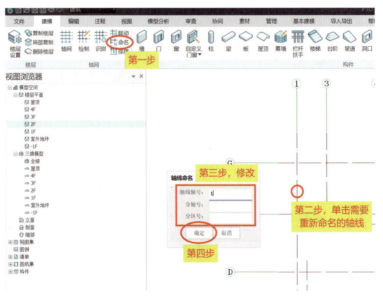

图 5-9　轴线命名

（2）轴线排序

单击"建模"选项栏目中的"轴线排序"按钮，选择需要排序的轴线，右击确认，弹出排序的面板。单击选择一个现有轴号，勾选"关联"，在右侧轴号编辑中修改数值，可将此轴号之后的数值自动排序，不勾选"关联"仅修改当前所选轴号。单击"轴号修改"刷新轴号，单击"确定"即完成轴线的排序（图 5-10），现有轴号修改后，在修改轴号列表中可实时查看修改的结果。

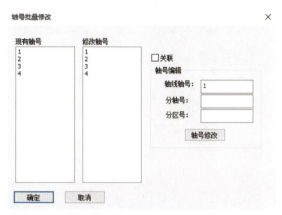

图 5-10　轴线排序

5.2 建筑基本墙体绘制方法

本软件绘制墙体时可不考虑墙体在实际施工过程中的"底标高"（下层结构板上）与"顶标高"（结构板/梁下），直接按照建筑专业中的建筑标高确定墙体标高即可，软件会根据结构构件匹配扣减相应的高度。如在绘制过程中按照实际施工墙体高度自行考虑扣减关系，可通过"视图参照"命令调取结构专业的相关构件作为参照进行绘制（图 5-11）。

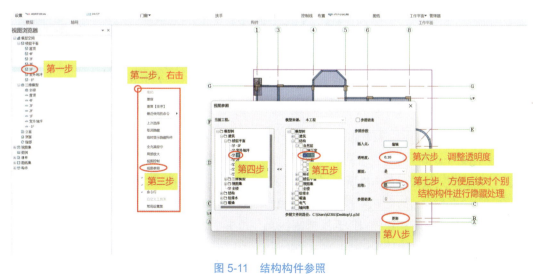

图 5-11　结构构件参照

注：如调整后未出现参照的结构构件，可转换楼层后再重新进入绘制楼层，即可呈现。通过拾取结构构件、调整结构构件显隐等方式，方便建筑相关构件建模（图 5-12）。

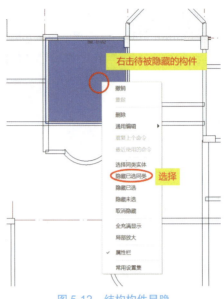

图 5-12 结构构件显隐

5.2.1 创建墙体

绘制墙体前需将建筑平面图导入软件中，具体操作方法见"4.1.1 参照图纸管理"，建筑专业建模的底图参照可用"导入导出"选项栏目中的"底图参照"命令（图 5-13）。

图 5-13 建筑专业底图参照

单击"建模"选项栏中的"墙"工具，在属性栏中修改墙体参数。在墙的抬头工具栏中选择相应的绘制方式，选择参考线的位置，绘制墙体的起始点和终止点（图 5-14）。

1. 属性信息

（1）顶部链接楼层：构件的顶部所到达的楼层；

（2）顶部偏移：向上/向下延伸，改变顶端的高度位置（正数向上，负数向下）；

（3）底部链接楼层：构件所属当前楼层；

（4）底部偏移：向上/向下移动，改变底端的高度位置（正数向上，负数向下）；

（5）墙体高度：墙体垂直的高度数值；

（6）墙体厚度：墙体的厚度；

（7）参考线偏移值：参考线偏离所选参考线位置的距离；

（8）结构类型：基本结构、复合结构。

2. 绘制方式

（1）直线墙：绘制一段墙体；

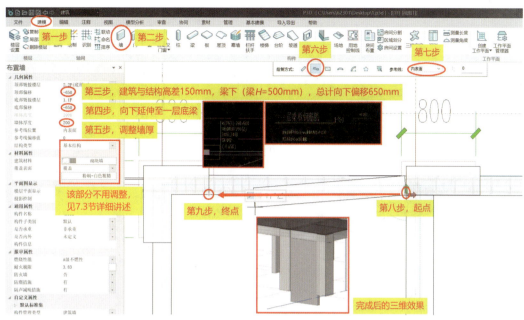

图 5-14 创建墙体

（2）连续绘墙：连续绘制折线的墙体，右击（回车或空格）结束绘制；

（3）矩形墙：绘制由四段墙体组成的矩形墙；

（4）三点弧墙：由两点之间的弦长确定弧形墙体；

（5）圆心半径弧墙：由圆心半径确定弧形墙体；

（6）多边形墙：绘制任意多边形，由多边形轮廓形成的墙体块，右击（回车或空格）结束绘制。

3. 绘制参考线

（1）中心线：墙体厚度的居中位置；

（2）内表面：沿绘制路径方向，在墙体厚度的左边界位置；

（3）外表面：沿绘制路径方向，在墙体厚度的右边界位置。

> 注：绘制连续的墙体、矩形的墙体，默认自动成组，单击激活"暂停组"命令后，墙体为一段一段，可进行单段墙体的二次编辑。

5.2.2 墙体属性修改

单击墙的夹点/参考线，激活编辑小面板对应的功能图标，鼠标移动到目标位置进行编辑操作，再次单击完成操作。选中构件，在属性面板中对构件的属性信息进行修改。

1. 弹出式编辑小面板功能

1）夹点编辑

在二维、三维视图下，单击不同的夹点，光标附近弹出不同的编辑小面板，可对墙体进行便捷的编辑操作（图 5-15、图 5-16）。

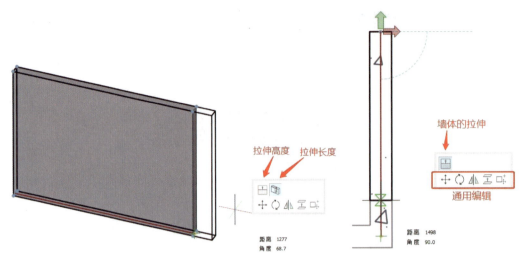

图 5-15　三维视图单击墙夹点　　　图 5-16　二维、三维视图单击参考线夹点

（1）拉伸长度：在三维视图下对墙体的长度进行拖动拉伸修改；

（2）拉伸高度：在三维视图下对墙体的高度沿 Z 轴方向进行拖动修改；

（3）拉伸：对二维墙体的长度进行拖动拉伸修改，通用编辑是对构件通用的编辑命令。

2）参考线编辑

在二维、三维视图下，单击墙体的参考线，光标附近弹出编辑小面板，可对墙体进行便捷的编辑操作（图 5-17、图 5-18、图 5-19）。

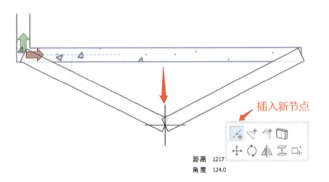

图 5-17　插入新节点

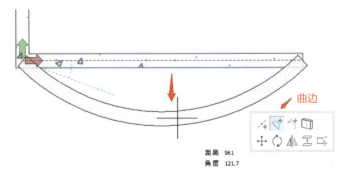

图 5-18　曲边

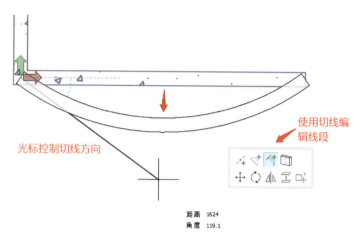

图 5-19 使用切线编辑线段

2. 墙体裁剪

（1）裁剪方式

使用"管理"选项栏中的"裁剪方式"功能，可在建模前对各类墙体进行裁剪设置，可以根据墙体类型（基本结构-相同材料、基本结构-不同材料、复合结构-相同材料、复合结构-不同材料）选择裁剪方式（图 5-20）。

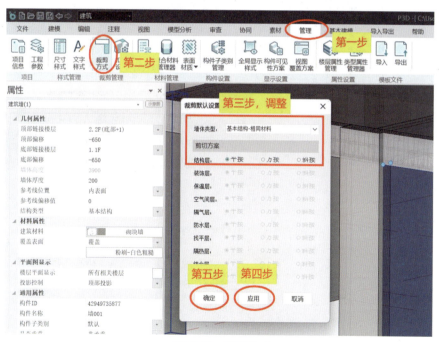

图 5-20 裁剪方式

（2）顶部裁剪

在"编辑"选项栏中单击"顶部裁剪"按钮，可以对裁剪设置进行修改，并通过选择每一层的连接方式及交接线条是否融合进行显示（图 5-21）。

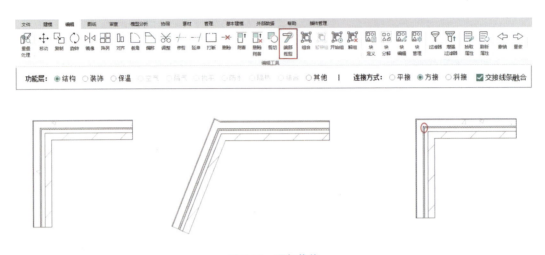

图 5-21 顶部裁剪

3. 内外墙调整

1）内外墙判定

在"模型分析"选项栏中选择"内外墙判定"功能，弹出"内外墙判定"对话框（图 5-22）。

图 5-22 "内外墙判定"对话框

（1）楼层选择：选择需要进行判定的楼层。

（2）判定选择：勾选"全部墙体更新"，软件将对所选楼层的全部墙体进行更新判定；勾选"仅对未定义墙体更新"，软件将对所选楼层中内外属性为"未定义"的墙体进行更新赋值。

2）内外墙判定结果

在"模型分析"选项栏中选择"内外墙判定结果",弹出"内外墙判定"对话框,如图 5-23 所示。

图 5-23　内外墙判定结果

（1）楼层选择：可切换楼层查看结果，也可通过视图浏览器切换楼层；
（2）墙类型色块按钮：单击色块，可修改高亮颜色；
（3）拾取按钮：单击"拾取"按钮，可快速将选中墙体赋予相应属性；
（4）关闭高亮：单击"关闭高亮"按钮，可将此类墙体关闭高亮；
（5）批量选中功能：单击二级菜单可批量选择某类构件。

5.3　建筑复合结构墙体绘制方法

本书中所提到的建筑复合结构墙体并非异形、曲面、膜壳、夹心、钢龙骨等墙体形式（该类型墙体形式在软件中需要用到基本建模功能与 Python 二次开发等功能实现）。复合结构墙体仅指还原建筑工艺做法（建筑构造做法表，而非建筑节点详图，节点详图中部分的复杂工艺节点做法需要利用基本建模功能实现）的墙体结构形式。而墙体施工高度做法已在"图 5-14　创建墙体"明确阐述，此处不再赘述。

5.3.1　材料设置

1. 表面材质

表面材质为材质设置最基本单位，反映材料的表面样式，在后续设置材质的其他相关属性时，需要调取表面样式。单击"管理"页签中的"表面材质"功能按钮，新建或复制表面材质（图 5-24）。还可对新建/复制完成的表面材质进行调整（图 5-25）。

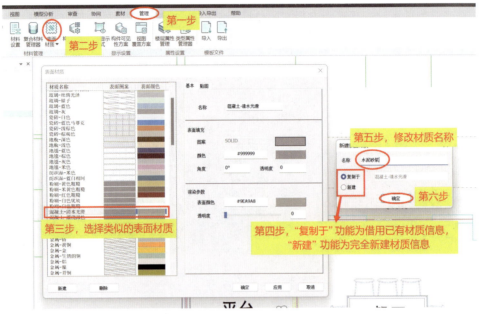

图 5-24　表面材质新建/复制

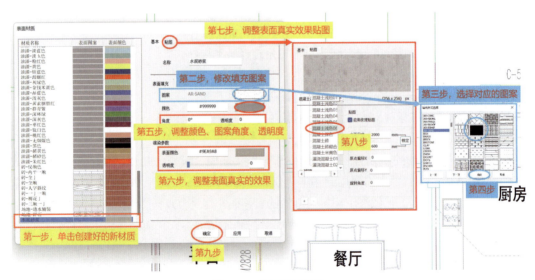

图 5-25　表面材质调整

2. 材料设置

材料设置功能主要针对材料的表面样式、截面样式、基本属性及物理属性进行调整，方便后续对建筑信息模型的数据精细化管理使用。单击"管理"页签中的"材料设置"功能按钮，新建或复制材质（图 5-26）。也可对新建/复制完成的材质进行调整（图 5-27）。

第 5 章　建筑专业建模

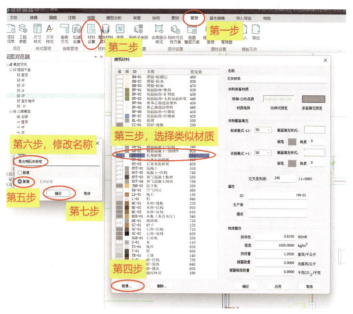

图 5-26　材质新建/复制

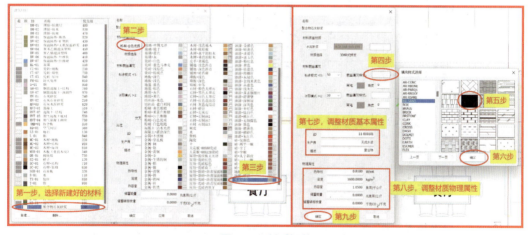

图 5-27　材质调整

5.3.2　复合材料管理器

复合材料管理器是主要针对墙、板、屋顶等需要做分层工艺的建筑构件进行自动分层建模的工具。单击"管理"页签中的"复合材料管理器"功能按钮，新建复合材料（图5-28）。

以案例工程中的"外墙1-外墙砖墙面-内部"为例进行建模，因外墙核心层与外墙内部做法同一底标高和顶标高，故参考图纸中"外墙1-外墙砖墙面"与"内墙1-白色乳胶漆墙面"做法（图5-29）。根据图纸信息调整复合材料具体步骤见图5-30。

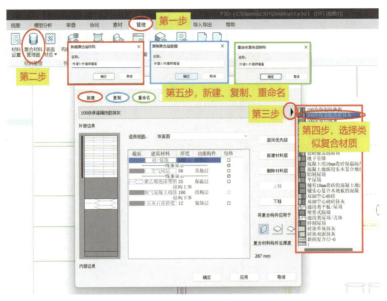

图 5-28 复合材料新建

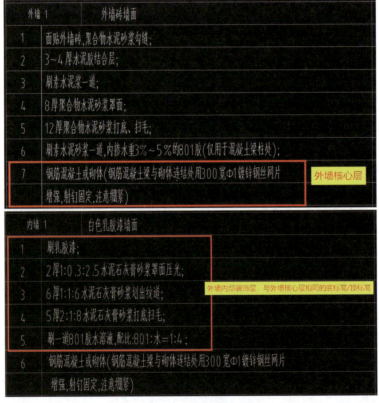

图 5-29 案例图纸

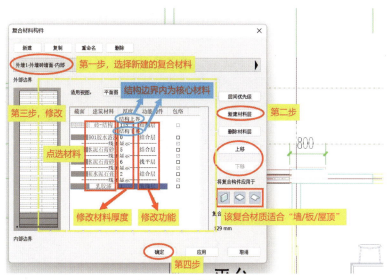

图 5-30 调整复合材料

5.3.3 复合结构墙体绘制

新建复合材料后,将复合材料应用于相应的构件。单击绘制好的"基本结构"墙体,首先将左侧属性栏中的"结构类型"调整为"复合结构",之后选择新建好的复合材料。修改完成后需要重新回到平面中看墙体的定位点是否还准确,本案例中因复合材料为外墙的核心结构与外墙内部做法,故与柱子平齐的定位点位置应为"核心层内表面"(图 5-31)。

图 5-31 复合结构墙体绘制

5.3.4 常用设置集

因复合墙体的绘制流程复杂,且为了高精度还原墙体的实际施工效果,需要分段绘制墙体，故而在完成复合墙体绘制后，应利用软件自带的"常用设置集"命令，将复合墙体相关参数属性临时保存到"常用设置集"的收藏夹中，方便后续建模使用（图5-32、图5-33）。

图5-32 常用设置集调取

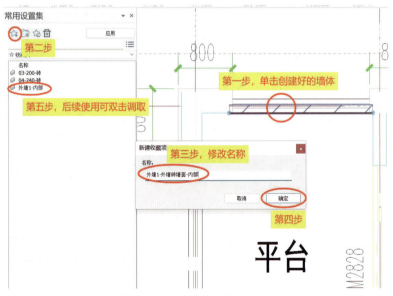

图5-33 常用设置集收藏构件

5.4 建筑门、窗、洞口绘制方法

5.4.1 创建门、窗

1. 新建门、窗

单击"建模"页签中的"门""窗"功能按钮，在左侧属性栏中单击"门样式选择"与"窗样式选择"按钮,在弹出的对话框中选择对应的样式并调整尺寸信息。调整完成后需对"门槛高度""窗台高度""门平面图开启角度""构件名称"等信息进行设置(图 5-34、图 5-35)。

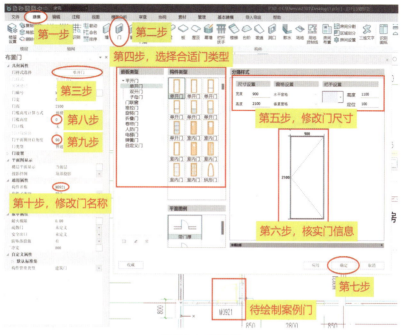

图 5-34　新建门

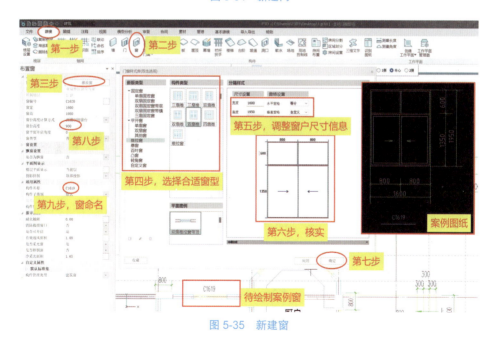

图 5-35　新建窗

注：务必修改"构件名称",对后续出图、出工程量表均有作用。

(1)门、窗编号：单击门、窗编号输入框后,在右侧出现可单击的箭头,显示出编号的规则,默认是 M "门宽""门高",C "窗高""窗宽","门宽""门高""窗高""窗宽"的数值是按照属性面板中门窗的宽度和高度自动读取生成的。

（2）门、窗类型：分为平开门、人防门、电梯门、固定窗、平开窗等。

（3）门框、窗框材质：在建筑材料的面板中可选择修改门、窗框的材料显示。

（4）门、窗面板材质：在建筑材料的面板中可选择修改门、窗面板的材料显示。

2.布置门、窗

门、窗布置包括自由布置、中点布置、垛宽定距布置等方式（图5-36、图5-37）。

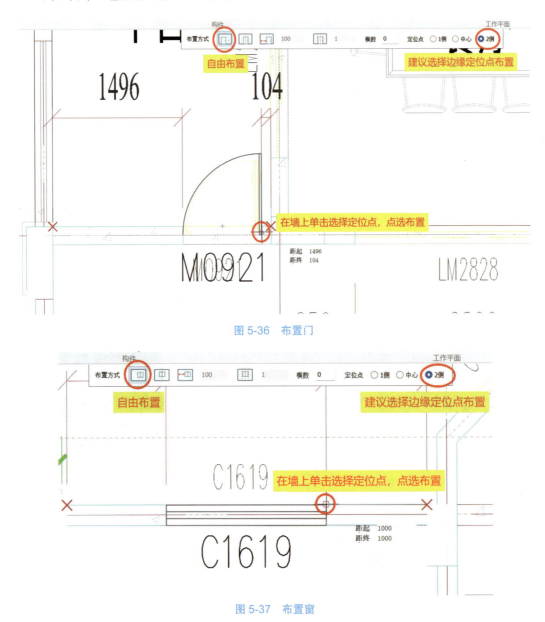

图5-36 布置门

图5-37 布置窗

（1）自由布置：鼠标左键任意单击放置点，再单击选择门窗的开启方向，即完成操作；

（2）中点布置：鼠标左键单击放置点，自动识别布置到墙体中点位置，再单击选择门窗的开启方向，即完成操作；

(3)垛宽定距布置：鼠标左键单击放置点，按照抬头工具栏输入的垛宽数值，自动布置到距离墙边界垛宽值的位置，再单击选择门窗的开启方向，即完成操作；

(4)轴线等分：鼠标左键单击放置点，按照抬头工具栏输入的等分数值，自动等分布置在此段轴线之间的墙体上，再单击选择门窗的开启方向，即完成操作；

(5)模数：自由布置时，按照模数值的倍数进行放置；

(6)定位点："1侧"为光标基点在门窗的左边角点位置，"中心"为光标基点在门窗的中点位置，"2侧"为光标基点在门窗的右边角点位置。

> 注：布置过程中，可以通过按"Z"键，实现墙体参考线位置的切换（图5-38）。

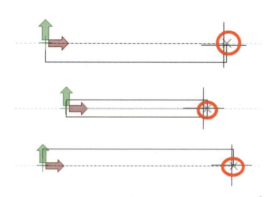

图5-38 快捷键切换墙体参考线位置

5.4.2 编辑门、窗

单击绘制好的门、窗可进行开启方向转换、移动、拉伸、定位点编辑、修改名称等功能的操作（图5-39）。

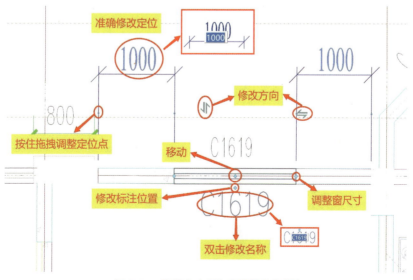

图5-39 编辑窗（门与窗的操作相同）

5.4.3 创建自定义门、窗

1. 新建与编辑自定义门、窗

单击"建模"页签下"自定义门窗"按钮,弹出"自定义门窗预设"对话框。用户可选择门或窗类型,并命名自定义门窗。单击"确定"按钮,即可进入自定义门窗编辑环境(图5-40)。

图5-40 自定义门窗预设

在进入自定义门窗编辑环境后,首先通过"直线方式""连续方式""多边形方式""矩形方式""旋转矩形方式"手动绘制自定义门窗的分隔(图5-41)。

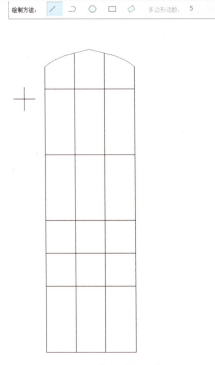

图5-41 绘制分隔示意图

依据已绘制好的分隔线，自动计算围合区域，生成默认的门窗嵌板（图5-42）。

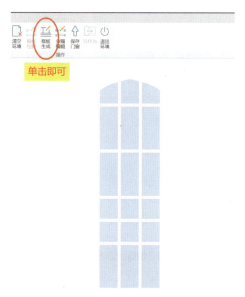

图5-42　框板生成示意图

嵌板支持通过嵌板的属性栏进行参数修改和嵌板替换。单击任意嵌板，会弹出嵌板的属性栏（图5-43）。

图5-43　嵌板修改

（1）嵌板：可参数化调整嵌板厚度与材质。
（2）内框：可参数化调整自定义门窗内框的厚度、宽度和材质。
（3）嵌板开启方式：单击"样式选择"按钮，会弹出相应的门窗样式面板，在弹出的门窗面板中选择所需的嵌板样式替换当前默认嵌板。

注：完成绘制后要单击"保存门窗"与"退出环境"按钮（图5-44）。

图 5-44　保存与退出

2. 使用自定义门、窗

自定义的门、窗会依据门窗类型自动添加到门构件或窗构件的面板中。用户可通过"建模"页签中的"门"或"窗"命令，在"门窗样式库"面板的"自定义门"或"自定义窗"中查看并使用用户创建的自定义门、窗（图5-45）。

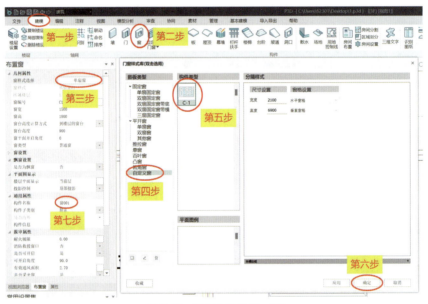

图 5-45　使用自定义门、窗

5.4.4　创建洞口

与结构专业创建洞口有所不同，建筑专业创建洞口的功能高度集成，也可在墙、楼板、屋顶创建洞口，且创建方式更加灵活。单击"创建"面板"洞口"按钮，在洞口的抬头工具栏中选择相应的布置方式和数值，选择放置的定位点，洞口布置时会在屏幕预览，在目标构件上单击，选择要布置的位置或绘制要布置的洞口形状（图5-46）。

（1）自由：在光标停留位置单击完成布置；
（2）中点：在墙体的中心点位置完成布置；
（3）垛宽定距：在距离墙体垛宽数值的位置完成布置。

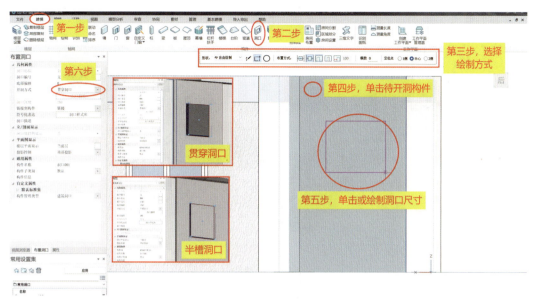

图 5-46 创建洞口

5.4.5 编辑洞口

单击洞口的夹点，单击激活编辑小面板对应的功能图标，鼠标拖拽夹点移动到目标位置进行编辑操作；选中构件，在属性面板中对构件的属性信息进行修改（图5-47）。

图 5-47 编辑洞口

5.5 建筑楼梯、台阶、坡道与栏杆扶手基本操作

5.5.1 创建楼梯

单击"建模"页签下的"楼梯"功能按钮，出现抬头工具栏，可选择要创建的楼梯类型、布置方式和核心定位点。选择楼梯绘制形式，包括直跑楼梯、双跑楼梯、L型转角楼梯、剪

刀楼梯，如图 5-48 所示。绘制流程及案例工程呈现效果如图 5-49 和图 5-50 所示。

图 5-48　楼梯绘制形式

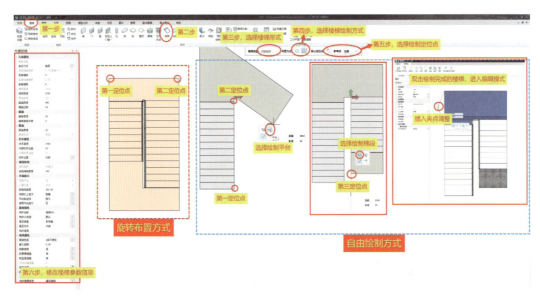

图 5-49　绘制流程

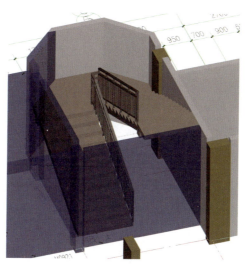

图 5-50 案例工程呈现效果

1. 旋转布置

在属性面板中选择楼梯的表达方式、顶部和底部链接楼层,以及梯段宽度、平台宽度等参数,修改完毕后开始绘制楼梯。

> 注:单击"梯间宽度"的输入框,右侧显示的箭头可对所选的两点之间的梯间进行测量,并自动生成梯间宽度。单击创建第一个点,再次单击选择第二个点完成旋转放置楼梯,右击退出楼梯绘制(图 5-51)。

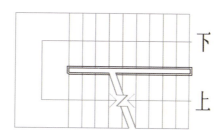

图 5-51 旋转布置

2. 自由绘制

自由绘制过程中,可以进行直线绘制,在绘制时切换参考线(图 5-52)。也可以绘制弧形楼梯,选择自由绘制、小面板中的梯段,并选择弧形绘制,梯段可以和平台相互切换。先确定起始点、距离、角度、踏步数、踏步宽度、梯段宽度等属性,并绘制出梯段;绘制平台需要确定起始点、距离、角度、梯段宽度等属性(图 5-53)。

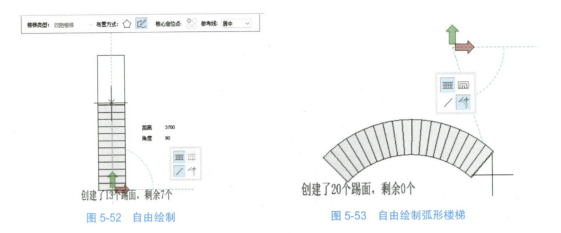

图 5-52　自由绘制　　　　　图 5-53　自由绘制弧形楼梯

选择矩形绘制，梯段绘制为矩形，平台绘制也为矩形；选择弧形绘制，梯段绘制为弧形，平台绘制也为弧形；可以矩形和弧形交替绘制（图 5-54）。

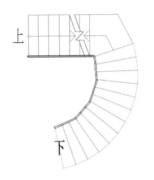

图 5-54　弧形与矩形交替绘制

5.5.2　环境外编辑楼梯

1. 编辑布置的楼梯

通过拖动楼梯的下箭头夹点可改变相应梯段的台阶数，并且另一梯段台阶数目相应变化，总踏步数不变（图 5-55）。通过调整上箭头夹点，可以调整梯段的位置。拖动楼梯两侧箭头，可拉伸梯段的宽度（图 5-56）。拖动楼梯平台上的箭头，可以拉伸平台的宽度（图 5-57）。

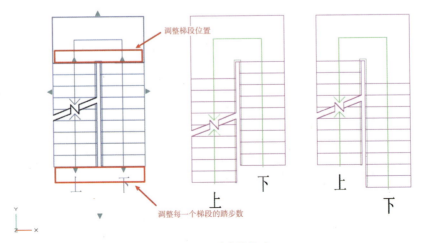

图 5-55　踏步的修改

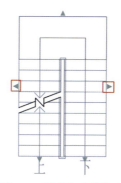 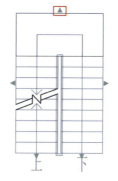

图 5-56　梯段宽度的修改　　图 5-57　楼梯平台宽度的修改

绘制完毕之后，在属性面板中可以选择栏杆位置，修改其他属性（图 5-58）。

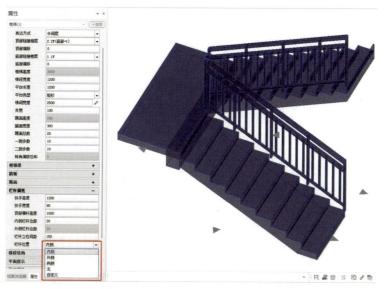

图 5-58　楼梯栏杆位置修改

2. 楼梯梁

选中创建完成的直跑楼梯、双跑楼梯、剪刀楼梯，属性栏会出现楼梯梁选项，可以对楼梯梁位置、布置、偏移进行设置（图 5-59）。

图 5-59　楼梯梁配置

5.5.3 环境内编辑楼梯

（1）可以在环境内调整楼梯梁、梯段、楼梯平台、栏杆扶手等参数，并可对楼梯梁的截面及材质进行替换（图 5-60）。

图 5-60　环境内楼梯梁配置

（2）可以在"通用属性"面板调整楼梯平台的厚度、梯段的高度、梯段踢面踏面的数量等信息。通过对"底部链接平台"和"顶部链接平台"的管理，可以使梯段与平台在高度上联动（图 5-61）。

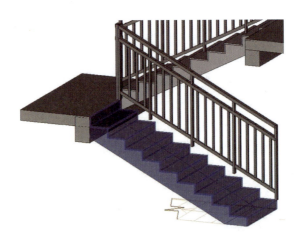

图 5-61　环境内楼梯梯段配置

（3）可以根据已经调整过的楼梯及平台生成栏杆造型，还可以通过拖动夹点增加或删改栏杆扶手，对栏杆属性进行调整（图 5-62）。

图 5-62 环境内栏杆配置

5.5.4 台阶创建与编辑

1. 台阶创建与绘制

单击"建模"页签中的"台阶"功能按钮，选择台阶类型、绘制方式。通过左侧属性栏可调整标高、台阶高度、材质等信息（图 5-63、图 5-64）。

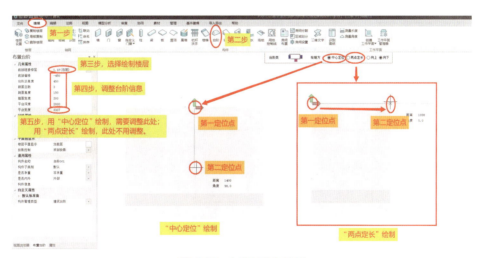

图 5-63 台阶创建与绘制

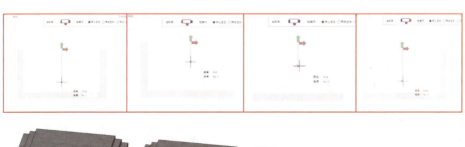

图 5-64 台阶样式

2. 台阶编辑

在绘制好的台阶上进行夹点编辑，选中需要修改的台阶后，单击台阶的夹点，光标附近显示编辑小面板，除显示通用编辑命令之外，还显示拉伸宽度（图 5-65）。

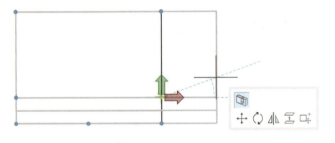

图 5-65　台阶编辑

5.5.5　坡道创建与编辑

1. 坡道绘制

单击"建模"页签中的"坡道"功能按钮，在坡道的抬头工具栏中选择相应的绘制方式、坡道的布置方向、参考线位置，绘制坡道的起始点和终止点（图 5-66~图 5-68）。

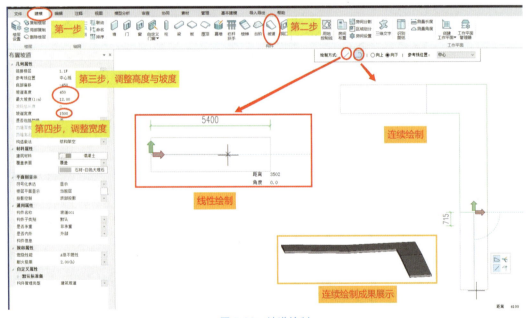

图 5-66　坡道绘制

图 5-67　坡道布置方向

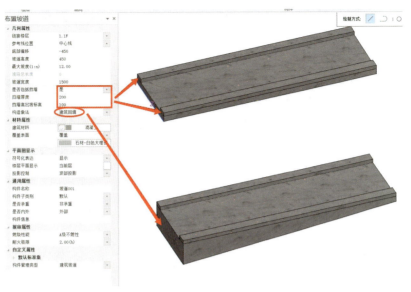

图 5-68 坡道挡墙与回填

2. 坡道编辑

选中已经绘制的坡道,单击"参考线"按钮,弹出编辑小面板,通用编辑功能如图 5-69 所示;单击坡道夹点,弹出编辑小面板,除通用编辑外,还有修改夹点高度按钮,可以对当前选中夹点的高度进行修改。

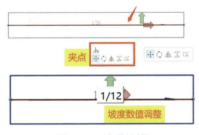

图 5-69 坡道编辑

5.5.6 栏杆创建与编辑

1. 栏杆绘制

单击"建模"页签中的"栏杆扶手"功能按钮,在栏杆的抬头工具栏中选择相应的绘制方式,勾选是否设置主立柱,绘制栏杆的起始点和终止点(图 5-70)。

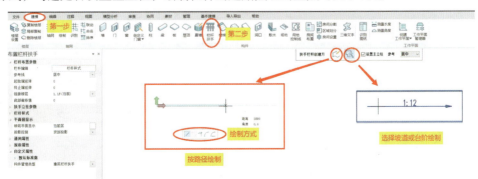

图 5-70 栏杆创建

选中需要修改的栏杆后，单击栏杆的夹点，光标附近显示编辑小面板（图5-71），可以根据需要进行调整。

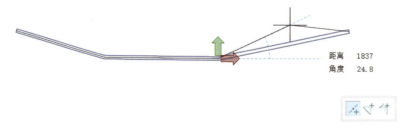

图 5-71　栏杆编辑

2. 栏杆属性与样式

栏杆扶手整体编辑界面如图 5-72 所示。立柱、扶手、嵌板二级编辑界面如图 5-73 所示。栏杆面板三级编辑界面嵌板设置面板如图 5-74 所示。

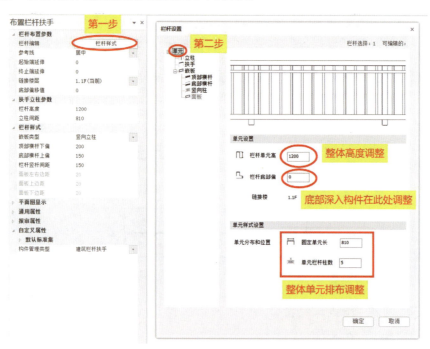

图 5-72　"栏杆设置"面板

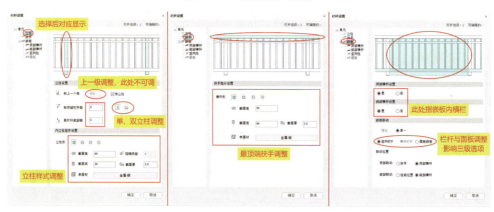

图 5-73　立柱、扶手、嵌板设置面板

第 5 章　建筑专业建模　159

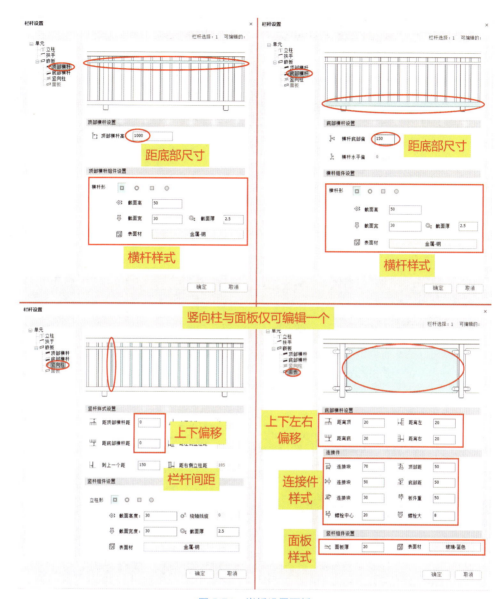

图 5-74　嵌板设置面板

5.6　幕墙绘制方法

5.6.1　创建幕墙

幕墙创建与绘制墙体功能类似，为单独功能按钮。单击"建模"页签中的"幕墙"按钮，在左侧"布置幕墙"属性栏中调整幕墙绘制参数，重点调整幕墙"单元编辑"及标高设定（图 5-75~图 5-78）。

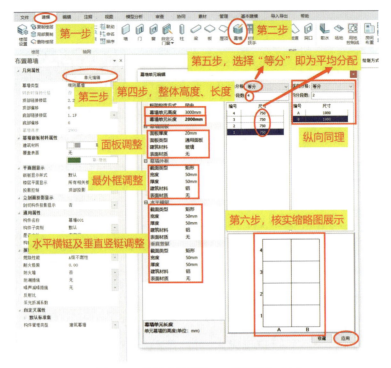

图 5-75　幕墙参数调整——单元编辑（1）

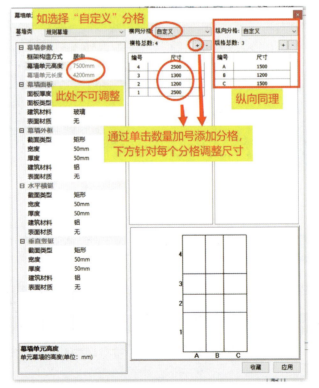

图 5-76　幕墙参数调整——单元编辑（2）

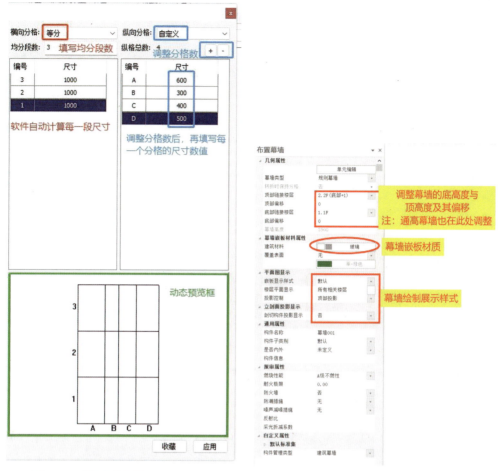

图 5-77　幕墙参数调整——分格对比　　　图 5-78　幕墙参数调整——其他属性调整

> 注：分格调整中的"等分"选项为软件根据均分段数自动计算每一段的分格尺寸；"自定义"选项为用户手动输入每一段分格的尺寸数值。

幕墙的绘制方法与墙体绘制类似，同样分为"直线墙""连续绘墙""矩形墙""三点弧墙""圆心半径弧墙"，此处不再赘述，具体操作方法请参见图 5-14 创建墙体中的第六步至第八步。

> 注：绘制过程中，可通过按键盘上的"Z"键快速切换幕墙参考线位置。

5.6.2　幕墙编辑环境

幕墙的平面绘制仅为第一步操作，具体调整幕墙的"网格""嵌板""竖梃"均需进入"幕墙编辑环境"。单击选中绘制好的幕墙，弹出"编辑"按钮，单击"编辑"按钮，可以进入幕墙编辑环境。支持双击幕墙，快速进入幕墙编辑环境（图 5-79）。

图 5-79　进入幕墙编辑环境

单击"拾取添加"命令，幕墙会自动转换成线框模式，可以进行拾取添加。拾取添加的抬头显示栏分成"添加单段竖铤"和"添加全段竖铤"。添加单段竖铤仅增加单个竖铤，添加全段竖铤会增加通长的横、竖铤。光标移动到线框上，会实时预览出红色虚线，代表需要添加的横、竖铤（图 5-80）。

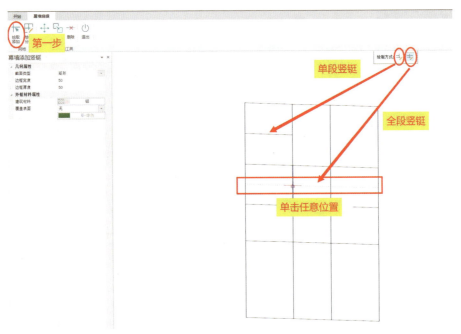

图 5-80　添加竖铤

单击"绘制分隔"命令，幕墙也会自动转换成线框模式，可以绘制分隔。单击起点和终点位置确定绘制分隔的路径，退出后，绘制的路径会自动生成横、竖铤，仅支持线框范围内（图 5-81）。

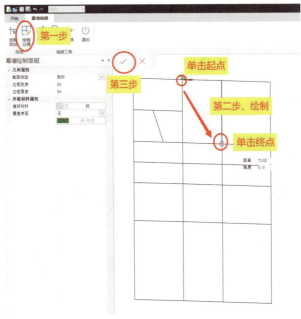

图 5-81　绘制分隔

单击嵌板可修改不同的嵌板类型，默认的嵌板类型为通用面板类型，默认通用面板为固定面板。除通用面板外，还有空面板、门面板以及窗面板。选中相应嵌板，在面板类型下拉栏中可进行切换。空面板即所选面板为空，不带有相应的材质信息，退出后，会显示为空；门面板可切换为门构件，门构件会自动适应嵌板尺寸，支持自定义门；窗面板可切换为窗构件，窗构件会自动适应嵌板尺寸，支持自定义窗（图5-82）。

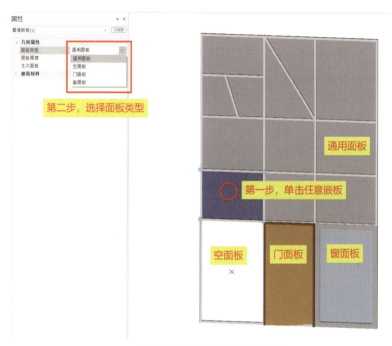

图 5-82　修改不同的嵌板类型

选中门、窗面板，属性栏会切换为所选门、窗的面板，可在属性栏中进行属性调整和样式切换（图5-83）。

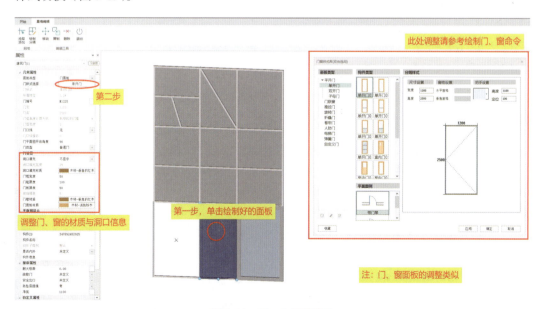

图 5-83　门、窗面板调整

5.7 建筑板/屋顶绘制方法

5.7.1 建筑板创建与编辑

1. 建筑板创建

建筑板绘制命令主要用于结构楼板上层的"楼面做法"及下层的"顶棚做法"。绘制方法与绘制结构板类似。

单击"建模"页签中的"板"工具，在楼板的抬头工具栏中选择相应的绘制方式，选择参照面位置绘制楼板。需要注意的是，在绘制楼板的时候需要区别相对于结构板的"顶面"与"底面"关系，此处"顶面"与"底面"为绘制建筑楼板本身的参照面，绘制"楼面做法"通常参照"底面"，绘制"顶棚做法"通常参照"顶面"（图5-84）。

图 5-84 建筑板创建

> 注：当前层为建筑标高，在绘制建筑板的时候需要考虑当前楼面或顶棚相对于建筑标高之间的差值，即结构标高与建筑标高差之间的内在构件关系。

2. 建筑板编辑

单击楼板的夹点/边线，选择激活编辑小面板对应的功能图标，光标移动到目标位置进行编辑操作。选中构件，在属性面板中对构件的属性信息进行修改。

1）夹点编辑：选中需要修改的楼板后，单击楼板的夹点，光标附近显示编辑小面板，除显示通用编辑命令之外，还显示"移动夹点""倒角""修改点高度""重设形状"等命令（图5-85）。

2）边线编辑：选中需要修改的楼板后，单击楼板的边线，光标附近显示编辑小面板，除显示通用编辑命令之外，还显示"插入新节点""曲边""使用切线编辑线段""偏移边""偏移所有边""楼板的轮廓编辑""楼板的合并"等命令（图5-86）。

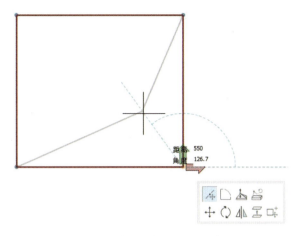

图 5-85　楼板夹点的编辑小面板

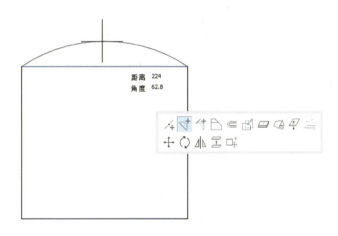

图 5-86　边线编辑小面板

（1）插入新节点：在此边线上增加一个新的节点；

（2）曲边：将楼板的边线跟随光标拖拽的位置点，变为有弧度的边线；

（3）使用切线编辑线段：将楼板的边线跟随光标控制的切线方向，变为有弧度的边线；

（4）偏移边：对所选楼板的边线进行偏移的操作；

（5）偏移所有边：对楼板的所有边线进行偏移的操作；

（6）楼板的轮廓编辑：对楼板进行增加部分或减少部分的操作（按 Shift 键可快速切换为减少）；

（7）楼板的合并：选择相邻的楼板，右击确认后，可完成楼板的合并；

（8）坡度设置：设定该板边的坡度，使之成为斜板；

（9）调整边高度：调整被选中边的高度；

（10）重设形状：可将调整过夹点或线条高度的板恢复为平板，只有调整过夹点或者线条高度的板，该按钮才会亮显。

5.7.2 屋顶创建与编辑

1. 屋顶创建

屋顶绘制的基本原理为先绘制后修改的原则，可绘制普通屋顶（四面放坡或多面放坡屋顶）、双坡屋顶及单坡屋顶。所有屋顶均可拼凑绘制，软件会根据图形绘制情况自行拼接（图 5-87）。

图 5-87　屋顶创建

1）普通屋顶绘制方法

（1）多边形绘制：任意绘制闭合的区域，生成多坡屋顶，多边形绘制过程中，弹出绘制小面板，可切换绘制方式；

（2）矩形绘制：绘制矩形对角线，右击生成四坡屋顶；

（3）自动拾取轮廓生成：读取模型中封闭的一个墙体轮廓线，自动生成屋顶（图 5-88）。

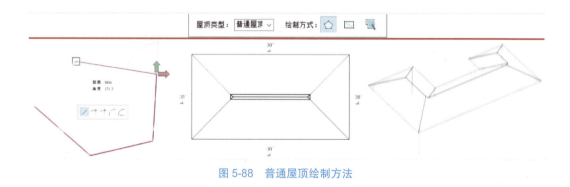

图 5-88　普通屋顶绘制方法

2）双坡屋顶绘制方法

（1）特殊绘制：先确定与屋脊垂直的屋顶边的方向，再由这条边生成屋顶，单击绘制与屋脊垂直的屋顶边，再由此边绘制矩形，拉出双坡屋顶；

（2）矩形绘制：绘制矩形对角线，生成双坡屋顶（图 5-89）。

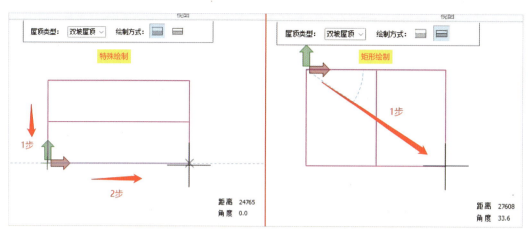

图 5-89 双坡屋顶绘制方法

3）单坡屋顶绘制方法

特殊绘制：先绘制屋顶的屋檐边，向坡度高的方向延伸，生成单坡屋顶（图 5-90）。

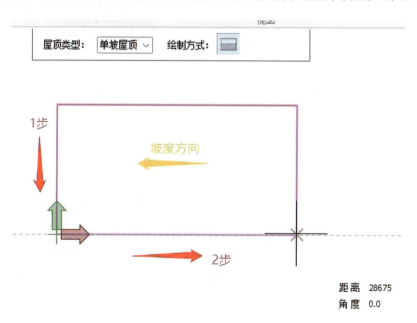

图 5-90 单坡屋顶绘制方法

2. 屋顶编辑

（1）坡度调整

单击绘制完成的屋顶，即可在屋顶边缘显示坡度，双击坡度数，在"坡度"框中调整数字，即可调整该边缘的坡度；拖拽顶部屋脊线同样可调整坡度（图 5-91）。

（2）屋顶附着

单击屋顶，在编辑菜单栏中选择墙体附着工具，单击要附着的屋顶，右击确认，再单击要吸附的墙体，右击确认，即完成墙体吸附到屋顶（图 5-92）。屋顶删除附着与顶部附着功能类似，此处不再赘述。

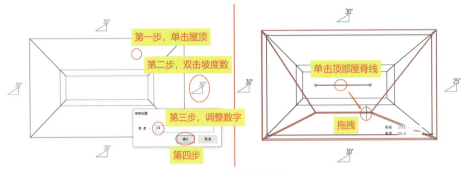

图 5-91 屋顶坡度调整

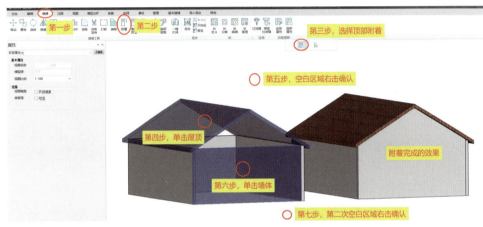

图 5-92 屋顶附着

（3）屋顶参考线编辑

单击屋顶的轮廓边界线，弹出的编辑小面板中，除通用的编辑命令外，还可在选择的边中使用"插入新节点""曲边""使用切线编辑线段"命令（图 5-93）。

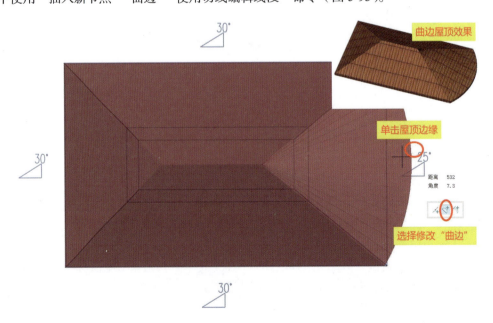

图 5-93 屋顶参考线编辑

（4）屋顶夹点编辑

单击屋顶的边界夹点，弹出的编辑小面板中，除通用的编辑命令外，还可对所选择的夹点进行"移动夹点"操作，拖拽移动夹点到其他位置，可改变屋顶的外轮廓形状（图 5-94）。

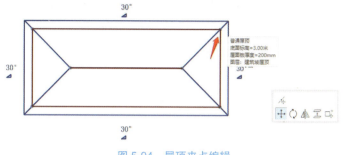

图 5-94　屋顶夹点编辑

5.8　建筑专业其他操作命令

5.8.1　房间创建与编辑

在建筑设计过程中，房间的布置成为空间划分的重要手段。在 BIMBase 中，创建房间时通过对空间分割，可自动统计出各个房间的面积，并在修改空间区域布局或房间名称后，相应的统计结果也会自动更新，减少了大量重复修改的时间，提高了设计效率。

1. 房间布置

单击"建模"菜单栏中的"房间布置"按钮。在"布置房间"属性面板中，可以选择房间的边界确定位置。房间布置分为"手动布置""自动布置""框选布置"三种布置方式。手动布置和自动布置，是单击空白处直接创建房间，框选布置就是框选要布置的范围，在选定范围内生成房间。布置之前，可以选择默认的房间名称（图 5-95）。

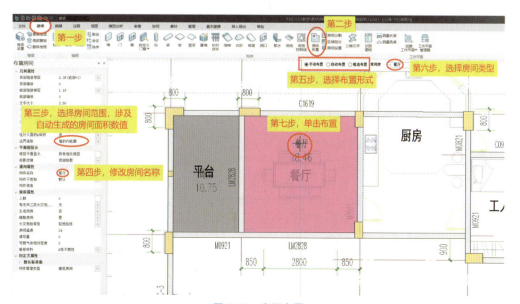

图 5-95　房间布置

> 注：房间布置的范围必须是围合空间，即墙体封闭形成的空间，无需考虑结构构件的避让关系。

2. 房间分隔、区域划分

单击"房间分割"或"区域划分"，可对已布置的房间进行手动分隔绘制。在抬头工具栏中可选择"多边形绘制""矩形绘制"。绘制出需要的房间轮廓后，要求闭合轮廓，右击完成创建，自动在已放置的基础上沿着分隔的部分进行切割，生成新的房间（图 5-96、图 5-97）。

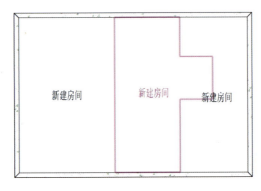

图 5-96 房间分隔

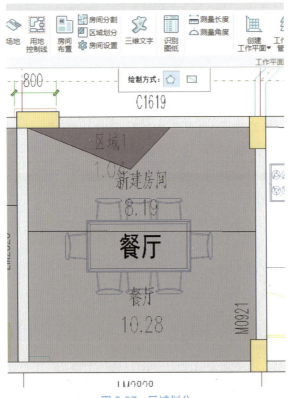

图 5-97 区域划分

3. 房间设置

单击"房间设置"，弹出"房间设置"对话框，可对不同房间名称的区域进行颜色和填充样式的表达（图 5-98）。

图 5-98　房间设置

4. 编辑房间

双击已放置的房间名称，可进入编辑状态。单击房间的边线，弹出编辑小面板，除了通用的编辑命令外，还有"偏移单边""偏移所有边""轮廓编辑""合并房间""文字大小"等编辑命令（图 5-99）。

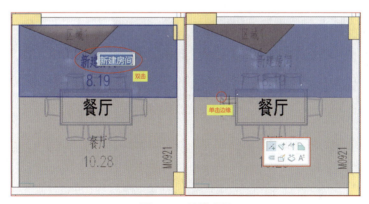

图 5-99　编辑房间

5.8.2　场地创建与编辑

场地工具为设定"室外地坪"高度基准的基本操作功能。

1. 创建场地

单击"建模"菜单栏中的"场地"图标，在场地的抬头工具栏中选择相应的绘制方式，进行场地绘制。左侧属性中可对场地厚度、当前层（需要调整为室外地坪层）、基准偏移（如已在室外地坪高度则不需偏移）、场地样式与材料进行调整（图5-100）。

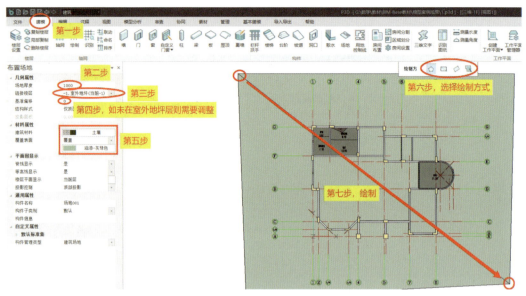

图5-100　创建场地

2. 编辑场地

单击场地的夹点/边线，选择激活编辑小面板对应的功能图标，光标移动到目标位置进行编辑操作。需要注意的是场地编辑功能可以调整等高线，单击"提升地形点"图标可在弹窗中输入提升的高度（图5-101）。

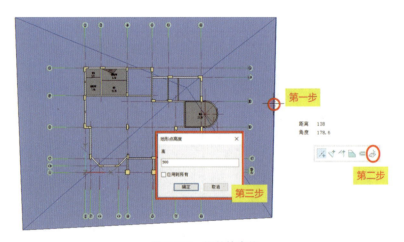

图5-101　调整等高线

5.8.3　用地控制线创建与编辑

用地控制线为参考性线条，需要提前通过"基本建模"页签中的矩形线或任意线绘制形成封闭图形，再通过"建模"页签中的"用地控制线"进行识别（图5-102）。单击"用地控制线"图标，在用地控制线的抬头工具栏中选择相应的绘制方式，拾取视图中的二维线条（包括参照底图和用户在模型中创建的二维线条）创建用地控制线（图5-103）。

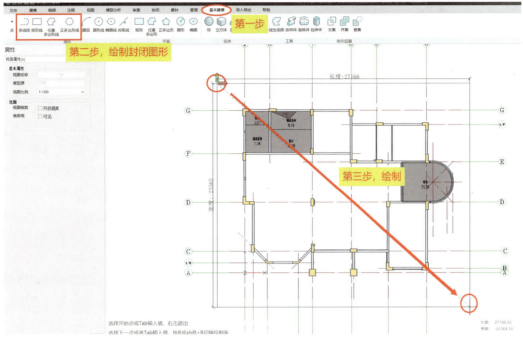

图5-102　绘制封闭图形

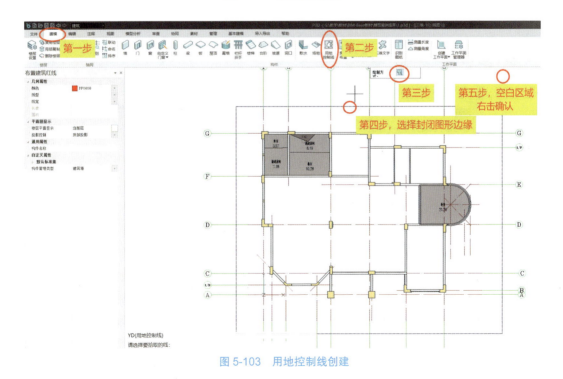

图5-103　用地控制线创建

通过用地控制线的属性栏，可以对用地控制线的颜色、线型、线宽参数进行修改，软件会根据用地控制线自动计算控制线长度和围合面积（图5-104）。

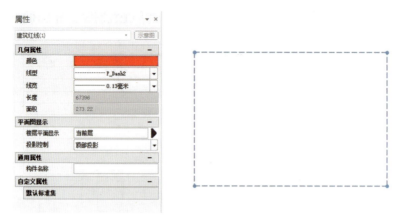

图 5-104　用地控制线属性

5.8.4　立面图与剖面图

1. 立面视图创建

立面视图需要单独创建，单击"视图"页签中的"创建立面"功能按钮，可使用"矩形创建"或"直线创建"两种方式创建立面图。矩形创建方法为框选平面图中某一矩形范围，自动创建东、南、西、北四个方向的立面图（图 5-105）；直线创建方法为单独某一方向的立面图创建，可生成斜向立面图，也可逐一生成东、南、西、北四个方向的立面图（图 5-106）。

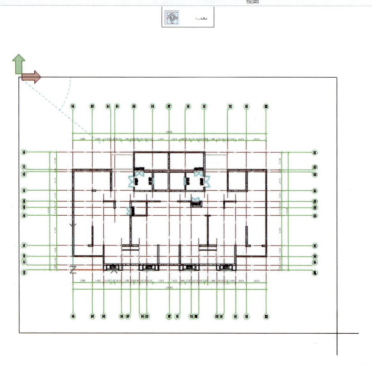

图 5-105　矩形创建立面图

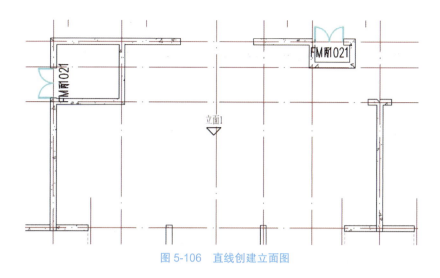

图 5-106　直线创建立面图

> 注：通过直线创建方法所创建的立面图需要在"视图浏览器"中修改名称。

2. 立面视图编辑

切换立面视图：双击立面视图名称如"北立面图"，则当前工作区视图切换到北立面视图；双击平面上的立面标记符号，当前视图会自动切换到与立面符号关联的立面视图。

项目浏览器中的立面与绘图区中的立面符号直接关联；每当在模型的平面视图上用立面图工具创建一个立面，则在浏览器立面视图中就会有一个对应的立面视图。右击任意立面视图，可进行打开、刷新、创建、复制、重命名、删除、生成图纸等操作（图 5-107）。

（1）打开立面图：打开当前选中的立面图视图；

（2）刷新立面图：刷新当前选中的立面图视图；

（3）创建立面图：创建新的立面图视图，等于激活立面图工具；

（4）复制视图：复制当前选中的立面图视图；

（5）复制视图（批量）：复制当前选中的多个视图；

（6）重命名立面图：重命名当前立面图视图；

（7）删除立面图：删除当前选中的立面图视图；

（8）生成图纸：跳转到生成图纸界面；

（9）新建视窗：创建当前选中的立面图新视窗。

图 5-107　右键快捷菜单

3. 剖面视图创建

单击"视图"菜单下的"创建剖面"按钮，在属性栏中选择水平深度范围。"无限"表示剖视方向下的所有构件可见；"手动"表示在后续的绘制中，第三点可确定水平深度范围，剖面视图下仅在此范围内的构件会被显示。在平面图中绘制剖切线，在屏幕上单击任意起点位置，拉线选择，完成后确认剖切范围（图 5-108）。

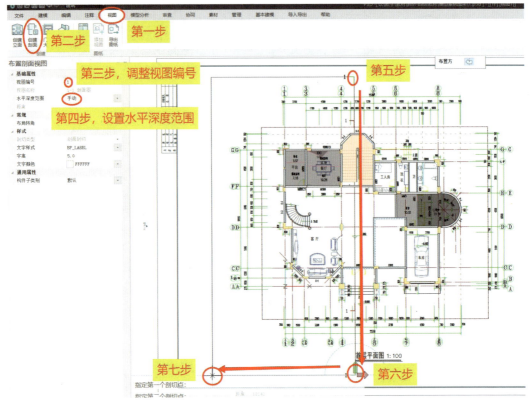

图 5-108　剖面视图创建

4. 剖面视图编辑

（1）单击转折夹点可调整剖切符号的两侧位置，随之调整剖面图在水平方向的左右宽度范围（图 5-109）。

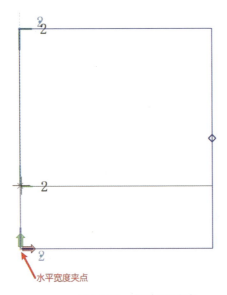

图 5-109　水平宽度夹点

（2）单击文字夹点，可调整文字位置，移动至剖切线另一侧时，剖视方向自动切换至反方向。此操作会随之调整剖面图的剖视方向（图5-110）。双击文字夹点，可快捷修改视图编号。

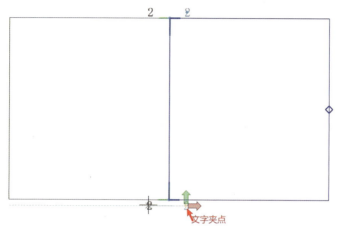

图 5-110　文字夹点

（3）单击范围框夹点，可控制范围框的水平深度范围，随之调整剖面图的水平可视深度，仅在范围框内的构件可见（图5-111）。

（4）单击要操作的剖面视图名称，右击弹出如图5-112所示快捷菜单。

① 打开剖面图：打开当前选中的剖面图视图；

② 刷新剖面图：刷新当前选中的剖面图视图；

③ 创建剖面图：创建新的剖面图视图，等于激活剖面图工具；

④ 复制视图：复制当前选中的剖面图视图；

⑤ 重命名剖面图：重命名当前剖面图视图；

⑥ 删除剖面图：删除当前选中剖面图视图；

⑦ 生成图纸：跳转到生成图纸界面；

⑧ 新建视窗：创建当前选中的剖面图新视窗。

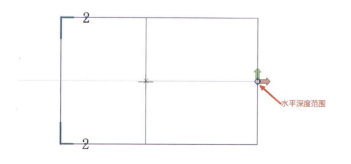

图 5-111　范围框夹点

图 5-112　剖面图右键快捷菜单

5.9 建筑素材库

本素材库包含复杂二维图块、家具、建筑构件等，读者可通过素材库调取复杂模型进行操作。

1. 二/三维构件的放置和编辑

单击"素材"页签中的"素材库"功能按钮，素材库默认界面为三维家具中的沙发。选择适当的素材，单击"布置"按钮即可完成在平面视图中的布置（图5-113）。

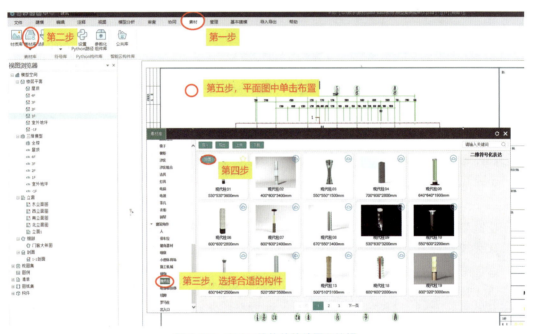

图 5-113　二/三维构件的放置和编辑

2. 二/三维构件的导入

单击"导入管理"弹出对话框（图5-114），单击"三维构件和显示图片"旁边的"导入"按钮，可以同时导入 OBJ 和 3DS 两种格式的文件，也可以单独导入一种格式的文件（图5-115）。单击"二维符号和显示图片"旁边的"导入"按钮，可以同时导入 DWG 和 BMP 两种格式的文件，也可以单独导入一种格式的文件（图5-116）。

3. 二/三维构件的导出

导入完成后，对导入构件进行命名并选择其所属归类，方便调用。单击"确定"后，文件自动保存到对应位置，图片与构件名称相对应且在素材库的主界面显示。需要将文件放到同一个文件夹内，方便不同项目之间的相互引用。选中素材，单击"导出"按钮，弹出"浏览文件夹"对话框，选择导出文件，文件导出后设计师之间可传输共享。在素材库界面可以通过鼠标左键配合 Ctrl 键对素材进行加选，配合 Shift 键对素材进行减选，键入 Ctrl+A 组合键对界面中的构件进行全选，然后再单击"导出"弹出"浏览文件夹"对话框，实现批量导出，导出之后保证素材尺寸及材质的属性信息不丢失（图5-117）。

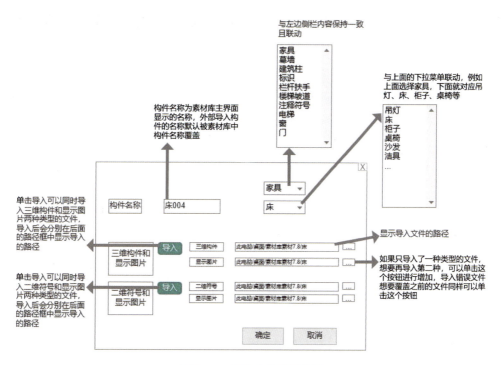

图 5-114　导入素材界面说明

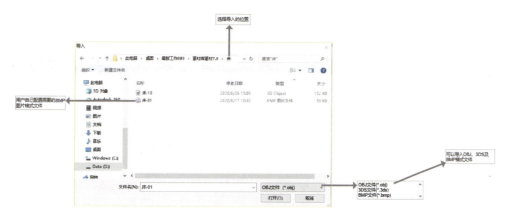

图 5-115　选择三维构件及显示图片

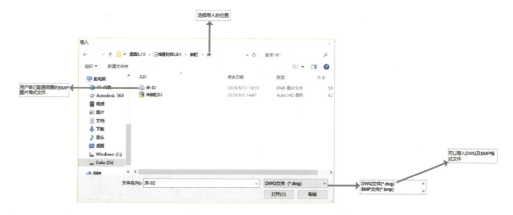

图 5-116　选择二维表达及显示图片

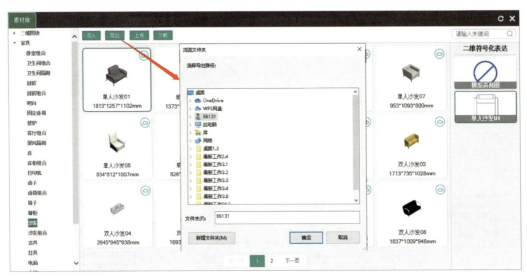

图 5-117　素材导出

4. 二／三维图块编辑、删除

选中主界面中的三维构件，右击弹出小面板，可以选择"编辑"和"删除"。选择"编辑"，弹出"导入素材"对话框，会显示所选素材的文件位置、构件名称、分类等信息，可以对构件进行重命名，可以重新导入三维构件和显示图片、二维表达和显示图片，导入文件会覆盖掉之前的文件，单击后面的"…"导入文件也会覆盖掉之前的文件（图 5-118）。

图 5-118　二／三维图块编辑、删除

选择"删除"，将三维素材从素材库中删除，右侧栏"二维符号化表达"中的平面样式也全部删除。

> 注：按住 Ctrl 键单击对素材进行加选，按住 Shift 键单击对构件进行减选，按住 Ctrl+A 组合键对界面中的构件进行全选。同时选中多个构件时，"二维符号化表达"界面变为空白（图 5-119），素材此时不能

布置到构件中。当选择多个构件时，右击弹出快捷菜单，可以进行批量删除操作，但"编辑"命令无效（图 5-120）。

图 5-119 多选素材

图 5-120 多选素材无法编辑和布置

5. 二 / 三维素材修改属性

通过属性栏修改三维素材的构件名称、链接楼层；通过属性栏修改底部偏移可调整构件的高度；通过修改构件长度、构件宽度、构件高度等属性可以调整构件的尺寸；通过修改沿 X 轴、Y 轴、Z 轴缩放比例对构件进行放大和缩小（图 5-121）。二维素材修改方式同三维，此处不再赘述。

图 5-121　三维素材属性修改

6. 素材修复 / 精度设置

针对素材无法编辑和查看属性的问题（常见于旧工程），单击"素材修复"命令即可修复。

精度设置可以设置网格面的精度。单击"精度设置"命令，弹出"网格面优化工具"对话框，支持应用到已布置的素材，也支持设置下次布置时素材的精度（图 5-122）。

图 5-122　"网格面优化工具"对话框

第 6 章
机电专业建模

▶ 章 引

本章详细阐述了机电系统建模的基础知识和操作方法，涵盖暖通系统、空调水系统、采暖系统、给排水系统及电气系统的建模流程。通过BIMBase平台，实现各类机电系统的高效、精确建模。暖通系统涉及风系统和水系统的设置、风管和水管的连接方式及材料设置，以及二维视图的绘制技术。空调水系统部分，详细解析了水管绘制、立管布置及多管绘制的操作步骤，确保模型的精度和一致性。采暖系统建模涵盖散热器、立干管连接、自动盘管和分集水器的布置，优化了采暖系统的设计与实施。给排水系统的建模内容涉及系统设置、管件默认设置和建模默认设置，提供了构建完整给排水模型的详细指导。电气系统建模部分则详尽介绍了线管和桥架的布置、连接方式、弯头和变径的处理方法，确保电气系统模型的高效性和规范性。通过系统化、流程化的建模方法，本章帮助读者深入掌握BIMBase在机电系统中的应用技巧和实践，为实际项目中的高效建模奠定坚实基础。

6.1 暖通系统绘制方法

6.1.1 暖通专业工程设置

在暖通专业建模前需对相关构件进行设置，如风系统设置、水系统设置、风管默认连接设置、风管建模设置、水管建模设置、风管材料设置、水管材料设置、地暖盘管材料设置等。

1. 风管系统设置

"风管系统设置"命令可在界面中对风管系统名称、系统代号、系统类型和绘图颜色进行设置和修改。"导入"命令可从外部"*.xml"文件中导入系统设置，也可单击"导出"按钮将当前系统设置导出到指定目录的"*.xml"格式文件中（图6-1）。

图6-1 风管系统设置

2. 水管系统设置

"水管系统设置"命令可在界面中完成水管系统代号、绘制颜色设置等。与风管系统设置不同，水管系统不能增加系统类型（图6-2）。

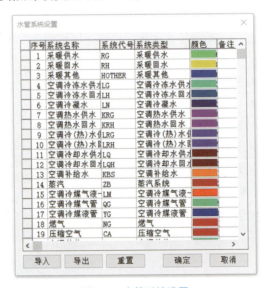

图6-2 水管系统设置

3. 默认连接件

"默认连接件"命令可在界面中设定不同风管连接件默认类型,风管连接件属性见图6-3。

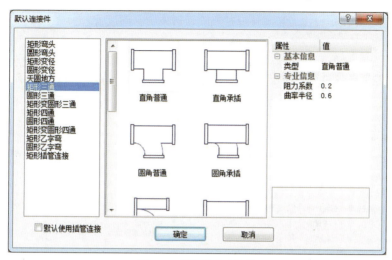

图6-3 风管默认连接件

4. 风管绘制参数

"风管绘制参数"命令可在界面中对风管保温层是否显示、保温层透明度等进行设置和修改。"风管连接方式""弯管变径连接方式""管道交叉生成四通"和"智能处理被删除管道末端"为风管系统共用设置(图6-4)。

(1)风管连接方式:风管连接方式可在下拉列表中进行选择。包括法兰连接、咬口连接、插条连接、抱箍连接、芯管连接、弹簧夹连接、铆接、焊接、插管连接、卡箍连接等连接方式。

(2)弯管变径连接方式:设置风管管径和风管方向同时变化时的管道连接方式。

(3)管道交叉生成四通:勾选该项,在相同类型的管道同标高交叉时,自动生成四通。

(4)智能处理被删除管道末端:勾选该项,删除末端管道时自动处理管道连接管件类型。删除四通连接的一个管道分支后,自动将四通

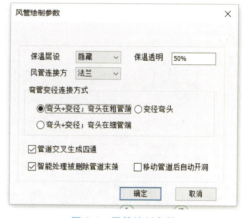

图6-4 风管绘制参数

变换为三通。删除三通连接的一个管道分支后,自动将三通变换为弯头。删除弯头连接的一个管道分支后,弯头不再保留,将未删除管道自动延伸到两管道交点。

5. 水管绘制参数

"水管绘制参数"命令可在界面中对水管保温层是否显示、保温层透明度等进行设置和修改(图6-5)。

(1)水管连接方式:水管连接方式可在下拉列表中进行选择。包括法兰连接、焊接、内螺纹、外螺纹、热熔内连接、热熔外连接、卡箍、卡套等连接方式。

（2）管道交叉处理：有三个选项可以选择，选择"加四通"，在管道同标高交叉时，如管道类型相同则自动用四通连接交叉管道。选择"自动避让"，会在管道交叉处自动生成扣弯，避免交叉。

（3）弯管变径连接方式、智能处理被删除管道末端：同风管。

6. 风管材料

"风管材料"命令可在界面中对风管材料名称、风管材料属性进行设置和修改（图6-6）。

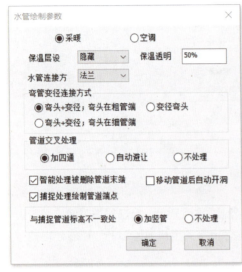
图6-5 水管建模设置

图6-6 风管材料设置

7. 管道材料

"管道材料"命令可在界面中对水管材料名称、管径、材料属性进行设置和修改（图6-7）。

图6-7 水管材料设置

> 注：在左侧"管道材料"面板中选中其中一个，右击弹出"增加""删除"选项，可以增加材料，如图 6-8 所示，参数为默认参数，可修改。

图 6-8　增加材料类型

8. 地暖盘管材料设置

可在"热水辐射供暖地面单位面积散热量管理器"界面中对绝热层材料传热量进行设置和修改。单击"修改数据"按钮，可在右侧的数据表格中修改数据（图 6-9）。

图 6-9　地暖盘管材料设置

9. 二维视图设置

二维视图设置功能包含对二维视图中风管绘制设置、水管绘制设置、管道或设备的遮挡设置（图 6-10）。

图 6-10　二维视图设置

（1）风管绘制设置：可按需设置二维视图中风管中心线及风管末端法兰的显隐；可按需选择风管法兰样式及风立管在二维视图中的绘制样式。

（2）水管绘制设置：可设置立管在二维视图中的样式（单圆圈/实心圆）；可自定义立管绘制的最小直径，如设置为 50mm，则大于 50mm 的管道按实际尺寸绘制立管，小于 50mm 的管道按 50mm 绘制立管；可自定义设置水管附件的绘制长度；可自定义多联机分歧管三角形的边长。

（3）遮挡设置：可按需选择是否显示管道或设备被遮挡部分的隐藏线；可自定义设置管道和设备被遮挡部分与未被遮挡部分之间的间隙。

（4）二维视图配置文件：可导入或导出二维视图设置的配置文件；"重置"将二维视图恢复至默认设置。

6.1.2　楼层设置

1. 楼层关联设置

在读取楼层和关联楼层之前，首先要设置机电专业关联楼层表，单击"设置"页签中的"二维设置"功能按钮，弹出"机电通用设置"对话框，包括标高单位设置、机电专业关联楼层类型设置、布置设备取整设置（图 6-11）。

图 6-11 机电通用设置

（1）标高单位设置：用于设置关联建模标高的单位，依个人习惯可设置为毫米（mm）或米（m）；

（2）关联建筑模型：当用户想读取本项目建筑楼层或关联建筑楼层时，勾选此选项；

（3）关联结构楼层：当用户想读取结构楼层或关联结构楼层时，勾选此选项。

> 注 1：当楼层信息有更新，对话框下部会给出相应警告，单击"确定"，根据勾选的关联类型读取或关联相关楼层。
> 2：请勿频繁切换关联楼层选项。

2. 读取楼层

在设备专业建模之前，首先要读取建筑楼层信息。单击"建模"页签中"读取楼层"功能按钮（图 6-12）打开"楼层管理"对话框。

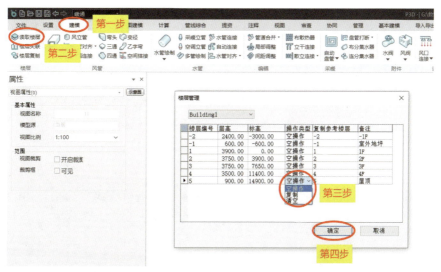

图 6-12 楼层管理

（1）多幢建筑切换：列表中显示建筑楼层编号、层高和楼层标高。当工程中有多幢建筑时，可在建筑列表中切换各幢建筑。

（2）设备楼层更新：当建筑楼层信息有更新，对话框下部会给出提示，单击"确定"，根据建筑楼层信息更新设备楼层信息。

（3）操作类型：本对话框同时具备楼层管理功能，如图 6-12 所示。当建筑楼层信息有更新时，"操作类型"不可用。楼层信息为最新时，"操作类型"可用，包括：空操作、复制和清空。选定"空操作"，不对当前楼层作任何操作；选定"复制"，可实现楼层间所有构件的复制；"复制参考楼层"中可设定当前楼层从哪个楼层复制构件，当设为 0 时，不进行复制操作；选择"清空"，可清空当前楼层数据。

3. 复制楼层

单击"建模"页签中"复制楼层"功能按钮，在该界面中完成楼层复制，包括建筑幢号、复制参考楼层、复制目标楼层、复制构件选择、复制方式选择等操作。复制过程中有两种模式可以选择。

（1）选择复制：在复制参考楼层的绘图区域中选择要复制的构件，仅复制用户选择的楼层构件到目标楼层。

（2）全层复制：将复制参考楼层中全部数据复制到目标楼层。

需要注意的是，两种复制模式都针对"按系统类型选择复制构件"中选择的系统或构件种类（图 6-13）。

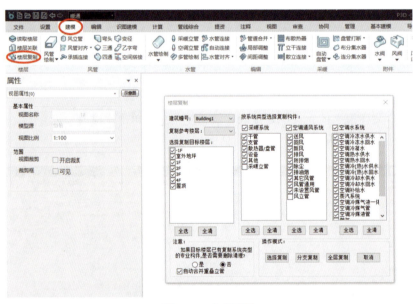

图 6-13　复制楼层

> **注**："如果目标楼层已有复制系统类型的专业构件，是否需要删除清理？"选项：如果该选项选择"是"，将清除目标楼层中所有要复制系统的构件，用户选择时应慎重。

6.1.3 空调风系统

1. 风管绘制

1）风横管

风管布置界面中可对系统名称、风管截面类型、风管材料、风管尺寸进行设置和修改，同时可以设置管道标高、偏移距离和立管角度等绘制参数。依次给定第一点和第二点完成风管绘制，连续绘制只需继续给定第二点。在提示输入第一点时右击，结束命令；在提示输入第二点时右击，返回重新输入第一点，可完成连续绘制（图 6-14）。

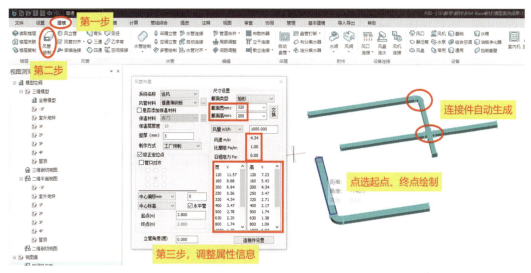

图 6-14 风管绘制

（1）系统名称：系统识别的编号，具有唯一性，进行添加、删除和编辑。

（2）修正定位点：在非勾选状态下，组合框内的设置无效，根据光标实际点定位风管；在勾选状态下，会根据组合框内的设置对光标点进行修正，利用修改后的点定位风管。

（3）管口对齐：在勾选状态下，对齐方式生效，且当满足第一点已捕捉到管口条件时起作用。相对捕捉的管口可设置 9 种对齐方式来定位当前风管。在非勾选状态下，利用偏移和标高方式修正光标定位点。

（4）偏移：当前风管相对第一点和第二点连线的偏移量，包括按风管近边偏移、中心偏移和远边偏移三种方式。偏移值为正，表示偏移与选项一致；偏移值为负，表示偏移与选项相反。一般在沿墙布置时，根据偏移定位风管比较方便。

（5）标高：风管两端管口的标高，包括风管底标高、中心标高和顶标高三种方式。勾选"水平管"，表示起终点标高一致。

（6）立管角度：在绘制立管时起作用，指所绘制立管的管高方向与 X 轴的夹角。立管绘制须在"修正定位点"非勾选状态下操作，通过给定两端点和"立管角度"定位立管位置。

（7）第一点捕捉处理：当捕捉到管口，会根据当前管与捕捉管口的相对位置智能生成默认弯头、变径、乙字弯或两个弯头；当捕捉到管上位置，生成默认三通或插管接头；当捕捉到弯头或变径中点位置，弯头或变径转变为三通；当捕捉到三通中点位置，三通转变为四通。单击"连接件设置"可设置默认连接件。

（8）第二点捕捉处理：当捕捉到管口位置，自动生成弯头或变径；当捕捉到管中间位置，自动生成三通或插管接头。

（9）命令夹点：可启动"风管布置"命令，第一点已默认为命令启动位置（一般为管口或构件中心），然后直接给定第二点绘制风管。

（10）截面类型：支持矩形和圆形，宽、高或直径自动根据截面类型调整显示。

（11）截面宽：如截面类型为矩形，则截面宽为管道宽度；如截面类型为圆形，则截面宽为圆管直径。单击下拉菜单可切换风管截面宽度，在当前截面高度及风量状态下，实时计算对应的风速、比摩阻和沿程阻力，沿程阻力在绘制风管时根据风管的长度动态显示。

（12）截面高：当截面类型为矩形时，截面高为管道高度；如截面类型为圆形，截面高隐藏。单击下拉菜单可切换风管截面高度，在当前截面宽度及风量状态下，实时计算对应的风速、比摩阻和沿程阻力，沿程阻力在绘制风管时根据风管的长度动态显示。

（13）风量：风量的单位可切换，风量数值根据切换的单位自动换算。

（14）风速、比摩阻、沿程阻力：根据当前风管尺寸和风量实时计算显示，不可修改。沿程阻力在绘制风管时根据风管的长度动态显示。

（15）截面宽度对应风速列表：列表显示在当前截面宽度和风量状态下的不同截面宽度及其对应的风速，方便查询与选择，且选择列表中的宽度尺寸可联动到当前截面宽度尺寸。

2）风立管

"风立管"布置界面中可对系统名称、风管截面类型、风管材料、风管尺寸进行设置和修改，还可以设置管道标高、偏移距离和立管角度等绘制参数。光标给定一点即可完成布置，属性编辑与绘制横管类似，此处不再赘述（图6-15）。

图6-15　风立管绘制

3）风管编辑

"风管编辑"命令可修改系统名称、风管截面类型、风管尺寸、管道标高、立管角度等参数。可选择多个风管同时修改，水平管与立管/斜管自动修改标高。勾选"修改关联构件系统类型"可同时修改关联构件的系统类型。对于水平管标高修改，当勾选"移动关联构件标高"时，会智能联动修改相关联构件；未勾选时，只修改当前选择的管道。单击"修改"按钮，根据对话框设置完成修改（图6-16）。

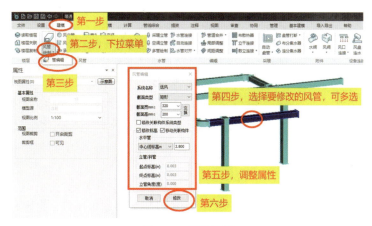

图6-16 风管编辑

4）风管弯头

在"弯头"对话框中可选择弯头类型，在下方单选按钮选择需要的放置方式（图6-17）。

（1）连接：依次点取第一根管和第二根管，右击结束选择，再次右击完成弯头连接。弯头与管道断面参数自动提取与之相连的管道断面参数。

（2）替换：在界面中选择弯头类型，然后在绘图区选择需要替换的弯头，右击确认即可完成弯头替换。

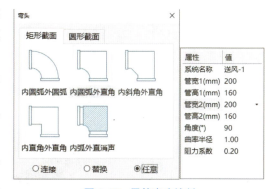

图6-17 风管弯头绘制

（3）任意：在屏幕点取弯头布置点进行布置，右侧弹出弯头参数表格可设置弯头参数。如捕捉到管道口可按住Shift+Tab组合键移动鼠标进行上、下、左、右四个方向旋转。

5）风管三通、四通、变径、乙字弯

风管三通、四通、变径、乙字弯可在左侧图示列表中选择截面类型，右侧列表中为参数。布置方式包括连接、替换、任意三种，与弯头布置类似，此处不再赘述（图6-18~图6-21）。

图6-18 风管三通绘制

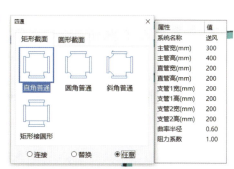

图6-19 风管四通绘制

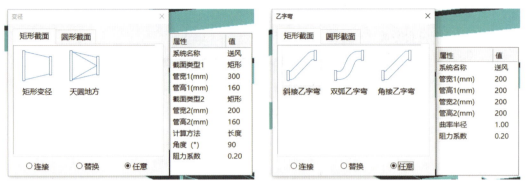

图 6-20　风管变径绘制　　　　　图 6-21　风管乙字弯绘制

2. 风口布置

风口类型分为系统风口和自定义风口。系统风口为参数化风口，自定义风口为从设备中导入的风口，在下拉菜单中选择所需风口（图 6-22）。

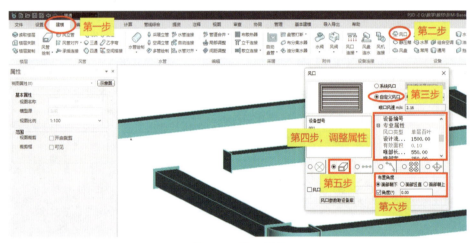

图 6-22　风口布置

（1）绘制参数：系统风口和自定义风口绘制参数列表不同。系统风口可修改显示的所有属性参数。自定义风口仅可修改设计流量（风量）参数。

（2）布置角度：有面部朝下、面部竖直、面部朝上三种布置方式，布置效果如图 6-22 所示。可修改"角度"对话框中的数值确定其旋转角度。当选择"面部竖直"布置方式时，会提示"风口面板旋转角度"参数设置，此角度可确定面板竖直时其沿面板方向转动的角度。

（3）任意布置：在绘图区选取风口布置定位点，根据需要旋转风口方向，再次单击，完成风口布置。任意布置时，可以根据需要确定固定角度布置，也可以调整面部方向。

（4）管上布置：用户可以直接在管道上布置风口，启动风口布置命令后，选取想要布置的风口方向，面部朝下即为风口向下；面部竖直即为侧向风口；面部朝上即为风口向上（图 6-23）。

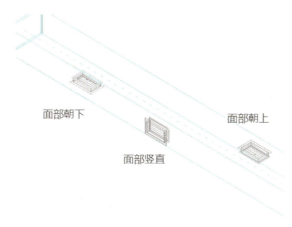

图 6-23　风口布置方向

（5）沿直线布置：风口沿直线布置参数，可按给定数量或给定间距方式来布置。

（6）沿弧线布置：参考沿直线布置。

（7）矩形布置：风口矩形布置参数如图 6-24 所示，完成参数设置后，在绘图区根据提示设定需要布置风口的矩形长度和宽度即可完成风口布置。

（8）扇形布置：有标准扇形布置和任意扇形布置两种方式。参数中"距边角度比"为扇形边与沿径向最近一行风口的圆心角和沿扇形径向相邻两行风口圆心角之比。设定完参数后即可在绘图区根据提示完成扇形布置（图 6-25）。

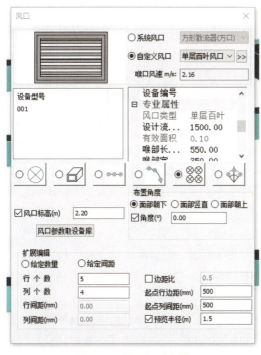

图 6-24　风口矩形布置

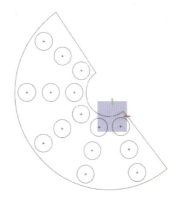

图 6-25　风口扇形布置

3. 风口连管

"风口连管"界面可设置风管类型、连接方式、风口标高处理方式和风口连接支风管尺寸等控制参数。

（1）风管类型：支持软风管连接。选择一根管与多个风口连接，右击结束完成连接。

（2）连接方式：与工程设置中"风管默认连接件"的设置参数相同。

（3）风口标高处理方式：支持"不修改风口标高"和"修改风口标高与风管直连"两种方式。

（4）支风管尺寸：支持"取连接主管尺寸""取风口尺寸"和"自定义尺寸"三种（图 6-26）。

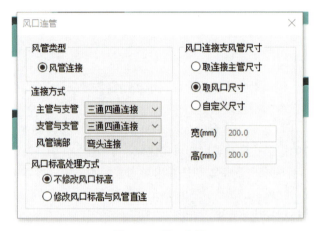

图 6-26　风口连管

静压箱、换气扇、风机、挡烟垂壁绘制方法和布置方式与以上所讲内容类似，此处不再赘述。

6.1.4　空调水系统

1. 水管单管绘制

"水管单管绘制"界面中可对系统名称、水管材料、管径等进行设置和修改，还可以设置管道标高、偏移距离和立管角度等绘制参数。采用单管绘制可依次给定第一点和第二点完成绘制；连续绘制只需给定第二点。在提示输入第一点时右击，结束命令，在提示输入第二点时右击，返回第一点继续绘制。

（1）系统名称：单击"采暖/空调"切换按钮切换选择时，系统名称也同步更改。

（2）修正定位点："修正定位点"在非勾选状态下，组合框内的设置无效，根据光标实际点定位水管；在勾选状态下，会根据组合框内的设置对光标点进行修正，利用修改后的点定位水管。

（3）偏移："偏移"命令包括按水管近边偏移、中心偏移和远边偏移三种方式。偏移值可正可负，正值表示偏移与所选方式一致，负值则相反。一般在沿墙布置时，根据偏移定位水管比较方便。

（4）标高："起点标高""终点标高"指水管两端相对于本层地面的标高，勾选"水平管"，表示起、终点标高一致（图 6-27）。

（5）第一点捕捉处理：当捕捉到管口，会根据当前管与捕捉管口的相对位置智能生成默认弯头、变径、乙字弯或两个弯头；当捕捉到管上位置，生成默认三通或插管接头；当捕捉到弯头或变径中点位置，弯头或变径转变为三通；当捕捉到三通中点位置，三通转变为四通。单击"连接件设置"可设置默认连接件。

（6）第二点捕捉处理：当捕捉到管口，自动生成弯头或变径；当捕捉到管中间位置自动生成三通或插管接头。

（7）命令夹点：可启动"水管绘制"命令，第一点默认为命令启动位置（一般为管口或构件中心），然后直接给定第二点进行绘制。

（8）空调冷媒气液一体：当系统名称为"空调冷媒气液一体"时，对话框下方会出现其相关的扩展数据，可设置气管和液管的管径（图6-28）。

（9）气管管径：设置"空调冷媒气液一体"气管管径，可在下拉菜单中选择，也可手动输入数值。

图 6-27　水管绘制

图 6-28　空调冷媒气液一体

2. 布空调立管

"立管布置"界面中可对管线名称、管材、管径、保温层、立管编号等进行设置和修改，同时可以设置管道标高、偏移距离和立管角度等绘制参数。根据所选布置方式不同操作方式不同，主要步骤有：选择管道类型、管道材料、管径，输入立管系统代号、立管编号、标高参数；在绘图区点取布置点，完成空调立管布置（图6-29）。

3. 水管多管绘制

"水管多管绘制"界面中可对管道系统、绘制方式、定位点、标高、保温层等进行设置和修改，同时可在列表中修改布置管道的系统类型、管径、标高、邻管间距和管材等参数。

图 6-29 布空调立管

多管绘制管道数量可在列表中指定,单击表格中的下三角或通过"新增"按钮即可增加一种需要同时布置的管道类型;单击"删除"按钮可删除选中的管道行;单击"清空"按钮可清空列表中的所有管道行;单击"上移"或"下移"按钮可上移或下移选中的管道行,调整管道行的位置。通过勾选"保温层"选项可对保温层材料、厚度进行选择和设置。

单管绘制时依次给定第一点和第二点即可完成绘制,连续绘制只需给定第二点。在提示输入第一点时右击,结束命令;在提示输入第二点时右击,返回第一点继续输入。

设定多管起点有三种方式,包括:"直接绘制"是确定管道起点、终点即可完成绘制,不捕捉起点管道;"点选引出"是在已经绘制的管道上点取绘制起点,自动捕捉绘制起点附近的管道,以捕捉到的管道参数进行绘制;"多选引出"是逐一点取需要引出绘制的管道,右击结束选择,确定引出绘制起始点的位置后,即可开始绘制。

处理终点捕捉:当多管绘制终点有相同类型管道时,自动连接绘制管道与捕捉到的管道(图 6-30)。

图 6-30 多管绘制

(1)修正定位点:在非勾选状态下,组合框内的设置无效,根据光标实际点定位水管;在勾选状态下,会根据组合框内的设置对光标点进行修正,利用修改后的点定位水管。

(2)起点标高、终点标高:指水管两端相对于本层地面的标高。勾选"水平管",表示起、终点标高一致。

(3)保温材料:可选择管道保温材料,单击箭头按钮可在材料库中选择更多。

(4)空调冷媒气液一体:当系统类型列表中有"空调冷媒气液一体"管道类型时,对话框中会出现其相关的扩展数据,可设置气管和液管的管径(图6-31)。

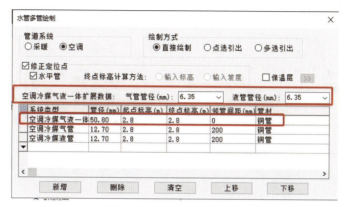

图 6-31　空调冷媒气液一体

> 注:在绘制"空调冷媒气液一体"管时,气、液管管径仅记入管道数据中,其绘制尺寸仍在原"管径"中设置。如需单独绘制气管或液管时,将系统类型切换到"空调冷媒气管"或"空调冷媒液管"即可。由于实际应用过程中一般不会出现同时平行布置两条"空调冷媒气液一体"管的情况,所以当有多个"空调冷媒气液一体"管时,其气管和液管的管径数据相同,均取界面气管、液管管径设置值。

4. 水管连接

水管连接的连接方式包括"变径""弯头""乙字弯""三通""四通""扣弯",图6-32中给出了相应的创建示意。在需要两根或多根非空间交叉管道进行连接时,使用水管连接命令、选择合适的连接件、按提示选择需要连接的管道即可完成管道之间的连接。

图 6-32　水管连接示意

5. 风盘连水

"风机盘管连接"界面如图 6-33 所示。设置风盘接管长度应分别确定供水管长度、回水管长度和冷凝水管长度，即其伸出设备的距离（图 6-34）。

图 6-33　风机盘管链接

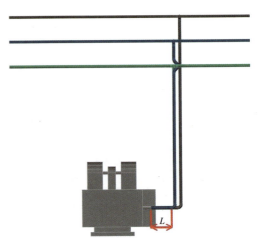

图 6-34　供水、回水、冷凝水管长度

（1）连接支管偏移 H：指连接管口与所添加的连接支管之间的距离，如图 6-35 所示。此参数应用场景应满足以下条件：在目标连接管道一侧有多根盘管连接，风机盘管位置在一条直线上；风机盘管管口方向与管道向量垂直。

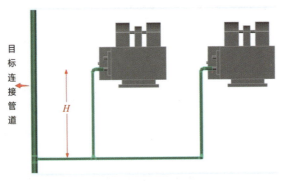

图 6-35　连接支管偏移

（2）阀件设置：可在供、回水管上选择想要的阀件，参数设置完毕后，按提示选择管道和盘管，右击即可完成水管和盘管连接（图 6-36）。

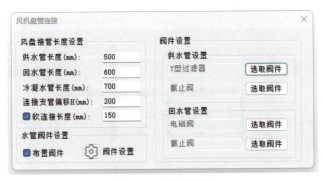

图 6-36　阀件设置

6.1.5 采暖系统

1. 布置散热器

"布置散热器"界面中可以选择散热器类型，设定散热器布置方式、布置参数和立管设置方式（图6-37）。

（1）绘制单立管：用于单管系统，绘制散热器的同时在散热器一侧绘制供水立管。布置散热器后沿散热器指定的立管位置，自动完成立管和散热器的连接。

（2）单边双立管：用于双管系统，绘制散热器同时，在散热器一侧绘制供、回水立管，并自动进行散热器和立管连接。

（3）双边双立管：用于双管系统，绘制散热器的同时在散热器两侧分别布置供水立管和回水立管，同时完成散热器和立管连接。绘制两支单立管时，可在界面中指定立管为跨越式还是顺流式连接，形成双立管系统。

（5）是否附排气阀：用于标记散热器是否附排气阀。注意：排气阀在模型中不显示，可通过散热器的属性表查询和修改。

图 6-37　布置散热器

2. 连接立管与干管

立、干管连接功能用于设置采暖立管与供、回水干管的连接。

（1）垂直连接：立管和干管通过与干管同标高且垂直于干管的管道进行连接。

（2）直接连接：当立管与干管在平面上的垂足位于干管延长线上时，立管直接通过与干管同标高且连接干管端点的管道连接（图6-38）。

> 注：勾选"连接不同管道类型的立管和干管"时，可实现供水立管（或回水立管）与回水干管（或供水干管）的连接。勾选"连接时自动调整立管标高"时，在干管和立管连接时，自动打断或延长立管，在连接干管与立管端部自动生成弯头。

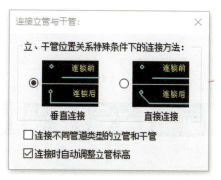

图 6-38　立干连接

3. 散热器与立管连接

可实现散热器与立管连接，包括单管顺流、单管跨越和双管连接方式（图6-39）。

4. 散热器与干管连接

可实现散热器与干管连接，包括单管顺流、单管跨越与双管连接（图 6-40）。

 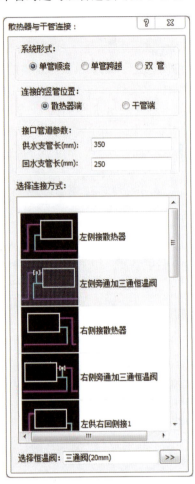

图 6-39　散热器与立管连接　　　　图 6-40　散热器与干管连接

5. 散散连接

散热器之间的连接方式有如图 6-41 所示的五种方式。连接操作步骤：第一步，在图中选择连接方式；第二步，在绘图区域选择要连接的一组或多组散热器，右击完成连接。

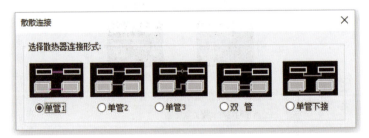

图 6-41　散散连接

注1：对于自定义散热器，只能选用管口一致的连接（会有相关提示）；

2：双管连接中自定义散热器只有一种，并且只能管口相对或者垂直，只能两个管相连接，不能多个管连接；

3：单管下接方式中，自定义散热器只有一种类型的可供连接，并且两散热器应水平并排。

6. 矩形盘管

矩形盘管分为盘管样式选择、系统参数设置和布置时计算显示部分（图6-42）。盘管样式有回折式、平行式、双平行式、交叉平行和单回折五种形式。盘管布置方式如图6-43所示，首先在绘图区单击，确定起始点、起始边位置，然后确定盘管大小范围，移动鼠标，单击确定盘管出口方向，完成盘管布置。

图 6-42 矩形盘管

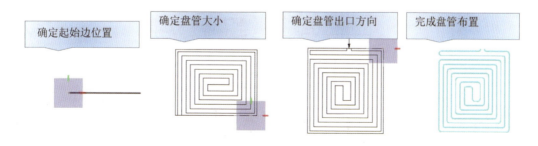

图 6-43 盘管布置

（1）盘管打断：选择盘管上的第一点，然后选择第二点的位置，单击确认，盘管将会被打断成首尾相连的管段（图6-44）。

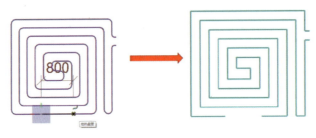

图 6-44　盘管打断

（2）盘管合并：通过"盘管合并"命令将打断后的盘管和自动盘管连接上，框选所选盘管，将所有连通的盘管合并为一个盘管（图 6-45）。

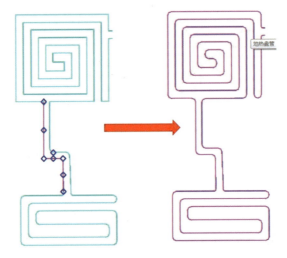

图 6-45　盘管合并

7. 布分集水器

布分集水器有"任意布置"和"参考墙线"布置两种方式。任意布置时，确定分集水器布置点即可完成分集水器布置。参考墙线沿墙布置时，选择墙线后分集水器可沿墙拖动，确定布置点即可完成布置（图 6-46）。

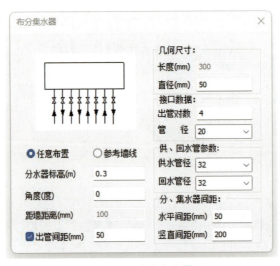

图 6-46　布分集水器

> 注:分集水器布置时,可通过 Tab 键或空格键改变集水器接管方向。

8. 连分集水器

通过"连分集水器"命令可完成地暖盘管和分集水器连接。操作步骤:第一步,点取需要连接的盘管(只能单选);第二步,点取集水器分支管口;第三步,点取分水器分支管口;第四步,右击完成连接(图 6-47)。

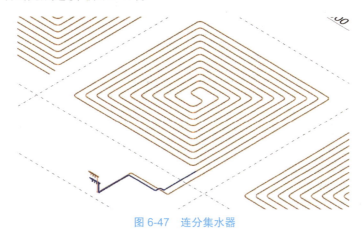

图 6-47 连分集水器

9. 管道调整

管道调整功能是将管道的一部分移动到新的位置。操作步骤如下:点取管道移动的转折点,该点将管道分成两个部分,此时移动其中一部分(拖动部分可通过 Tab 键来选择)到指定位置即完成调整(图 6-48)。

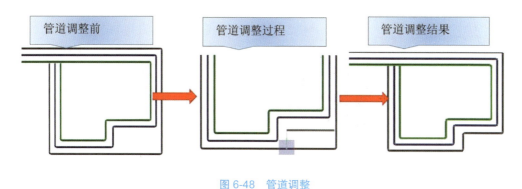

图 6-48 管道调整

6.1.6 设备及附件布置

1. 风机盘管布置

风机盘管布置可以通过四个条件筛选出想要布置的风盘类型,或者可以单击"设备名称"右侧三角进入设备库选择风机盘管类型。对话框下方列表中显示风机盘管相关参数信息,双击选中风机盘管可以查看详细参数。如果该风机盘管有风管接口,可以勾选"风机盘管加风管设置"修改相关参数(图 6-49)。

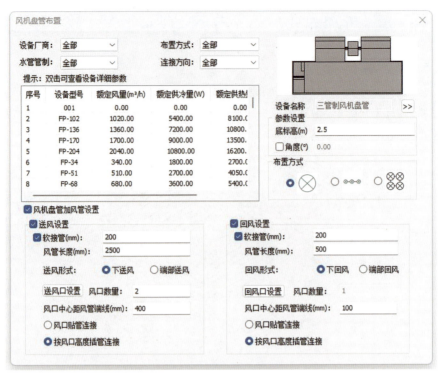

图 6-49 风机盘管布置

勾选"风机盘管加风管设置"后可在下方界面栏中确定绘制风机盘管的同时是否绘制与之连接的送风管和送风口,以及回风管和回风口。勾选"送风设置"选项后,可在该选项下面的列表中确定风管长度、送风形式、风口数量、风口中心距离风管端线距离、风口连接方式等信息。"回风设置"选项相关参数设置和"送风设置"一致(图 6-50)。

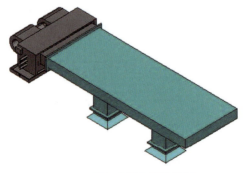

图 6-50 风机盘管加风管设置

2. 风机水泵布置

风机水泵任意布置时,在绘图区确定布置点,旋转风机水泵到指定的方向即可完成布置。布置时可调整风机水泵长宽高参数以调整其几何外形(图 6-51)。

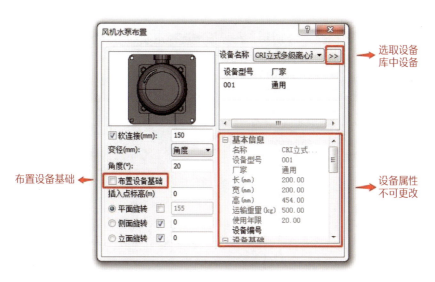

图 6-51 风机水泵布置

3. 常用设备布置

常用设备布置界面如图 6-52 所示，在图示界面中选择设备名称，确定布置点，将设备旋转到需要的角度即可完成布置。布置时可修改设备长宽高参数，调整设备几何外形。

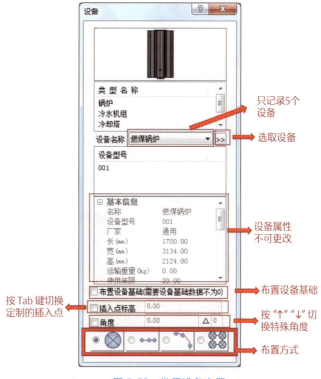

图 6-52 常用设备布置

4. 通用设备布置

通用设备布置界面如图 6-53 所示，在界面中选择设备名称、型号，确定布置点，将设备旋转到需要的角度即可完成布置。

5. 组合空调布置

组合空调布置界面如图 6-54 所示，在界面中选择定制的组合空调，确定布置点，将设备旋转到需要的角度即可完成布置。

图 6-53　通用设备布置　　　　图 6-54　组合空调布置

6. 风阀布置

风阀布置界面如图 6-55 所示，阀门布置与设备布置的不同是阀门只能布置在管道上或管道末端，因此无需输入标高。选取布置点后，可以绕管道中心线旋转阀门方向，以使阀柄放置到适合操作的方向。阀门布置有"按管口""按附件口"和"替换"3 个选项。

7. 消声器布置

消声器布置界面如图 6-56 所示，消声器只能布置在管道上或管道末端，因此无需输入标高。选取布置点后，可以绕管道中心线旋转消声器方向，以使消声器放置到适合操作的方向。消声器布置有"按管口""按附件口"和"替换"3 个选项。

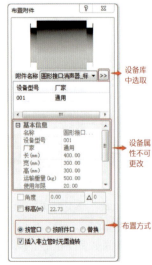

图 6-55　风阀布置　　　　图 6-56　消声器布置

水阀、仪表、角阀、三通阀、水管软接头、组合阀的布置方式类似，此处不再赘述，根据实际建模过程中遇到的场景，适当调整参数建模即可。

6.2 给排水系统绘制方法

6.2.1 给排水专业工程设置

1. 给排水系统设置

给排水系统设置界面中可以设置给排水系统名称、系统代号、管道材料、系统类型、绘制颜色等，列表中可以增加给排水系统类型（图6-57）。

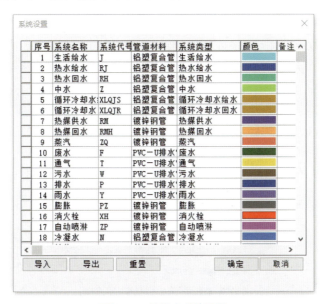

图6-57　给排水系统设置

（1）选中其中一行，用户可以修改当前系统的系统名称、系统代号、系统类型和系统颜色等信息。

（2）单击可以添加一行，用户填写系统名称、系统代号、系统类型和绘图颜色即可完成一个新系统的定义。右击可增加或删除系统行。

（3）导入：用户从外部"*.xml"文件中导入系统类型设置。

（4）导出：用户将当前系统设置导出到指定目录的"*.xml"格式文件中。

（5）重置：将系统类型重置为软件默认的系统类型。

（6）确定：将当前界面设定值加入工程中，在后续操作中可直接取值，并按界面设定更新工程中现有构件系统。

2. 默认给排水管件设置

"默认给排水管件"设置界面中可设定不同给排水连接件默认类型、属性等参数（图6-58）。

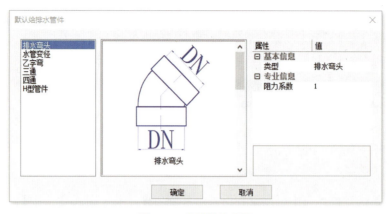

图 6-58　管件默认设置

3. 管道绘制参数设置

"管道绘制参数设置"界面中可对水管保温层是否显示、保温层透明度等进行设置和修改。"水管连接方式""弯管变径连接方式"和"智能处理被删除管道末端"这三项为水系统共用设置（图 6-59）。

图 6-59　管道绘制参数设置

（1）水管连接方式：指水管管端连接方式，包括法兰连接、焊接、内螺纹、外螺纹、热熔内连接、热熔外连接、卡箍、卡套等连接方式，可在下拉列表中进行选择。

（2）弯管变径连接方式：参考风系统"弯管变径连接方式"相关内容。

（3）智能处理被删除管道末端：指绘制管道末端与其他管道交叉时自动处理。勾选"智能处理被删除管道末端"后，删除末端管道时，自动处理管道连接管件类型：删除前管道为四通连接时，删除一个管道分支后，自动将四通变换为三通；删除前管道为三通连接时，删除一个管道分支后，自动将三通变换为弯头；删除前管道为弯头连接时，删除一个管道分支后，弯头不再保留，将未删除管道自动延伸到删除前两管道交点。

4. 水管管道材料设置

水管"管道材料"设置界面中可对水管材料名称、管径、属性进行设置和修改（图6-60）。

图6-60　水管管道材料设置

5. 二维视图设置

"二维视图设置"功能包含水管绘制设置、消防设置、管道或设备的遮挡设置、二维视图配置文件等（图6-61）。

图6-61　二维视图设置

（1）水管绘制设置：可设置立管在二维视图中的样式（单圆圈/实心圆）；可自定义立管绘制的最小直径，如设置为50mm，则大于50mm的管道按实际尺寸绘制立管，小于50mm的管道按50mm绘制立管；可自定义设置水管附件的绘制长度。

（2）消防设置：可按需设置喷头基准半径。

（3）遮挡设置：可按需选择是否显示管道或设备被遮挡部分的隐藏线；可自定义设置管道和设备被遮挡部分与未被遮挡部分之间的间隙。

（4）二维视图配置文件：可导入或导出二维视图设置的配置文件，可对二维视图设置重置，恢复至默认设置。

6.2.2 管道建模

1. 水管单管绘制

"水管单管绘制"界面中可对系统名称、水管材料、管径等进行设置和修改，还可以设置管道标高、偏移距离和立管角度等绘制参数。水管单管绘制方法为依次给定第一点和第二点完成绘制，连续绘制只需给定第二点。在提示输入第一点时右击，结束命令；在提示输入第二点时右击，返回第一点继续输入（图6-62）。

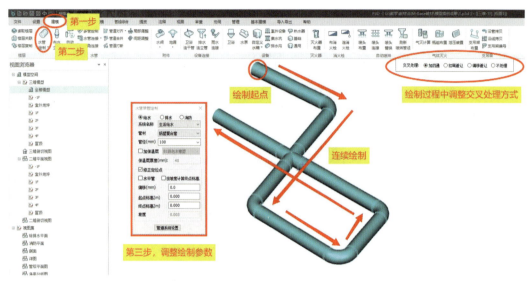

图 6-62　水管单管绘制

（1）以"给水/排水/消防"为管道的专业类型，切换选择时系统名称也同步更改。

（2）系统名称：指系统识别的编号，具有唯一性。可在"风系统设置"中进行添加、删除和编辑。

（3）修正定位点：在非勾选状态下，组合框内的设置无效，根据光标实际位置定位水管；在勾选状态下，会根据组合框内的设置对光标点进行修正，利用修改后的点定位水管。

（4）偏移：指当前水管相对光标第一点和第二点连线的偏移量，包括按水管近边偏移、中心偏移和远边偏移三种方式。

（5）起点标高、终点标高：指水管两端的标高相对于本层地面。勾选"水平管"，表示起点、终点标高一致。

（6）第一点捕捉处理：当捕捉到管口，会根据当前管与捕捉管口的相对位置智能生成默认弯头、变径、乙字弯或两个弯头；当捕捉到管上位置，生成默认三通或插管接头；当捕捉到弯头或变径中点位置，弯头或变径转变为三通；当捕捉到三通中点位置，三通转变为四通。单击"连接件设置"可设置默认连接件。

（7）第二点捕捉处理：捕捉到管口自动生成弯头或变径，捕捉到管中间位置自动生成三通或插管接头。

（8）单击夹点可启动"水管绘制"命令，第一点已默认为命令启动位置（一般为管口或构件中心），然后直接给定第二点进行绘制。

2. 水管多管绘制

"水管多管绘制"界面中可对管道系统、绘制方式、定位点、标高、保温层等进行设置和修改，同时可以设置系统类型、管道标高、邻管间距、管径、管材等参数。多管绘制管道数量可在列表中修改，单击列表中向下箭头，即可增加一种需要同时布置的管道类型。单管绘制时依次给定第一点和第二点即可完成绘制，连续绘制只需给定第二点。在提示输入第一点时右击，结束命令；在提示输入第二点时右击，返回第一点继续输入（图6-63）。

图6-63 水管多管绘制

（1）直接绘制：确定管道起点、终点即可完成绘制，不需要捕捉起点管道。

（2）点选引出：在已经绘制的管道上点取绘制起点，会自动捕捉绘制起点附近的管道，以捕捉到的管道参数进行绘制。

（3）多选引出：逐一点取需要引出绘制的管道，选择完成后右击结束选择，确定引出绘制起始点的位置后即可开始绘制。

3. 立管布置

"立管布置"界面中可对管道类型、管道材料、管径等进行设置和修改，还可以设置管道标高、立管距和相对立管角度等绘制参数。布置方式不同，操作方式也不同，布置步骤主要有：第一步，选择管道类型；第二步，选择管道材料；第三步，选择管径；第四步，输入保温层厚度、立管编号、标高参数；第五步，在绘图区点取布置点，完成水立管布置（图6-64）。

立管布置方式有6种，简述如下。

（1）任意布置，操作提示如下：请输入立管位置。确定输入位置后即可完成立管布置。

（2）墙角布置，操作提示如下：请选择墙角。选择墙角后，即可按输入的距墙角的距离布置立管。

（3）沿墙布置，操作提示如下：请选择墙线。选择墙线后，即可按输入的距墙边距离布置立管。

（4）沿立管布置，操作提示如下：请选择立管。选择立管后，按用户输入的距立管的距离和相对立管的角度布置立管。

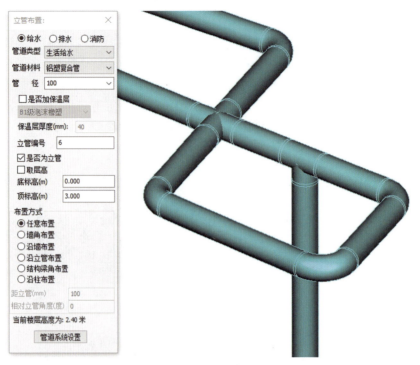

图 6-64　立管布置

4. 水管连接

单击"建模"页签的"水管连接"图标后,弹出如图 6-65 所示界面,在其中可选择管道连接类型。

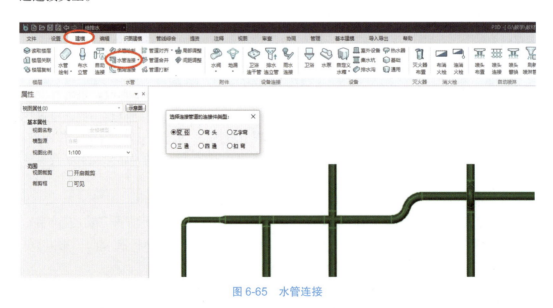

图 6-65　水管连接

单击"水管连接"图标右侧的下拉菜单,可对"弯头""三通""四通""乙字弯""变径""空间搭接""H 管件""存水弯"进行属性编辑(图 6-66)。

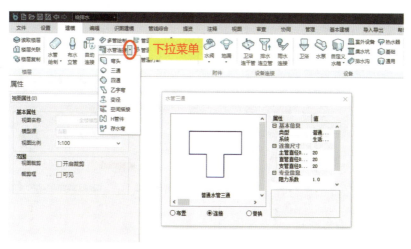

图 6-66 水管连接件

5. 管道附件布置

（1）水阀

水阀是阀门的一种，其布置方法与阀门相同，不同的是阀门只能布置在管道上或管道末端，因此无需输入标高，选取布置点后，可以绕管道中心线旋转阀门方向，以使阀柄放置到适合操作的方向。阀门布置有"按管口""按附件口"和"替换"3个选项（图 6-67）。

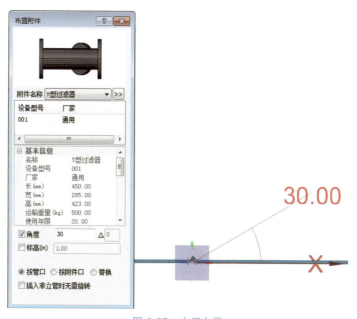

图 6-67 水阀布置

（2）仪表

仪表有且只有一个接口，用以确定仪表插入位置。仪表布置有"任意布置"和"替换布置"两种方式（图 6-68）。

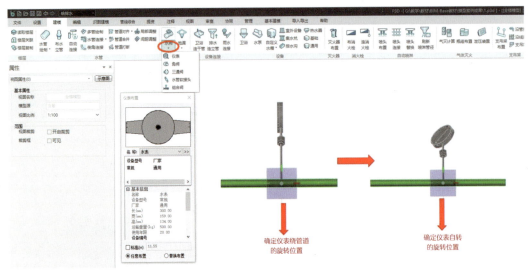

图 6-68 仪表布置

(3) 角阀

角阀大小形状不能改变,连接管道时,需要管道直径与角阀接口直径一致(图 6-69)。"管道端点布置"指在管道末端确定位置(图 6-70)。"连接管道"指两根管道用角阀连接(图 6-71)。

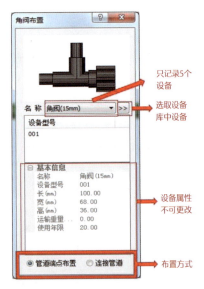

图 6-69 角阀布置

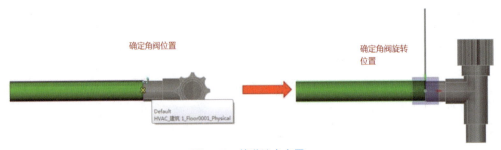

图 6-70 管道端点布置

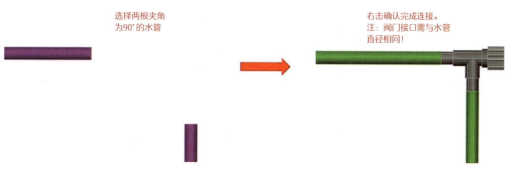

图 6-71 连接管道

（4）三通阀

三通阀与角阀一样，大小形状不能改变，连接管道时，管道直径应与三通阀接口直径一致（图 6-72）。"管道端点布置"在管道末端确定三通阀位置（图 6-73）。"连接管"选择两根管道用三通阀连接（图 6-74）。

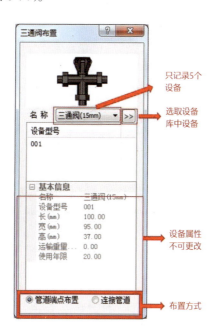

图 6-72 三角阀布置

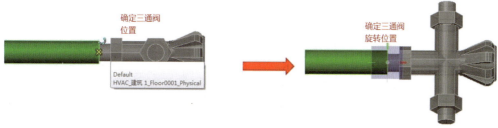

图 6-73 管道端点布置

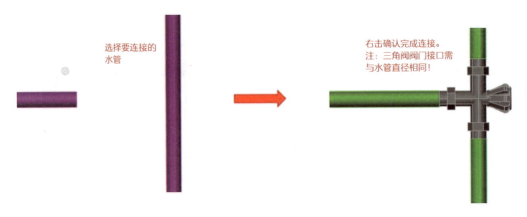

图 6-74 连接管道

(5) 组合阀件

组合阀件根据需要选取设备库中存在的阀门和仪表，可调整组合设备排序，添加组合阀模板，如图 6-75 所示。

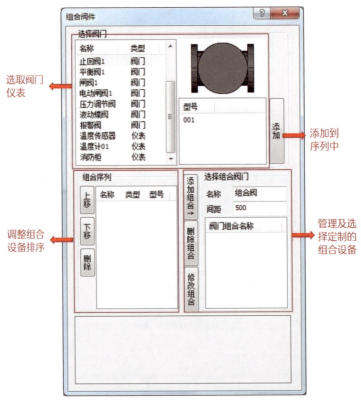

图 6-75 组合阀件布置

(6) 地漏

在"设备布置"界面中选择地漏型号，确定地漏布置点，将地漏旋转到需要的角度即可完成布置（图 6-76）。

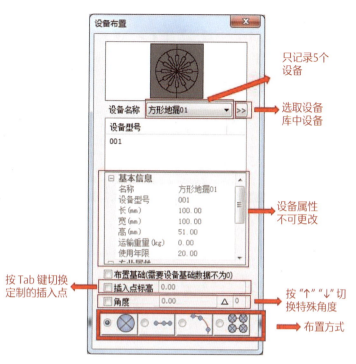

图 6-76　地漏布置

（7）管堵

在"管堵布置"界面中选择管堵型号，将管堵布置到管道末端，管堵大小会随着管道直径缩放（图 6-77）。

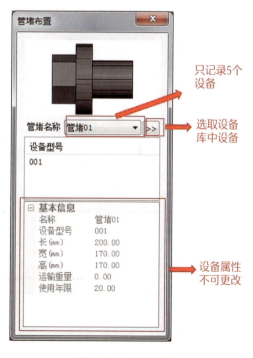

图 6-77　管堵布置

（8）检查口

检查口只能布置在管道上或管道末端，因此无需输入标高，选取布置点后，可以绕管道中心线旋转检查口方向，以使检查口放置到适合操作的方向（图6-78）。

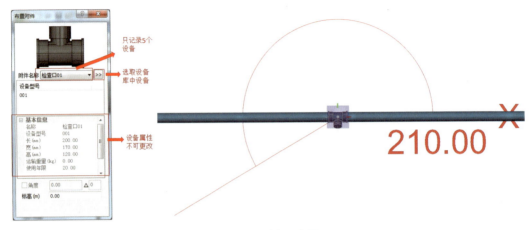

图6-78　检查口布置

（9）清扫口

在"设备布置"界面中选择清扫口型号，确定清扫口布置点，将清扫口旋转到需要的角度即可完成布置（图6-79）。

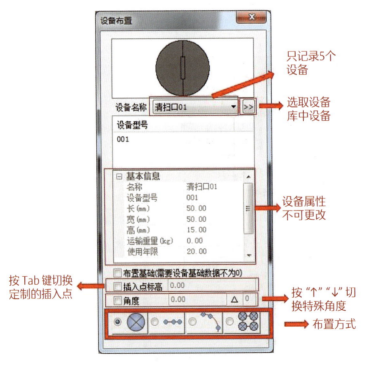

图6-79　清扫口布置

（10）雨水斗

在图示界面中选择雨水斗型号，确定雨水斗布置点，将雨水斗旋转到需要的角度即可完成布置（图6-80）。

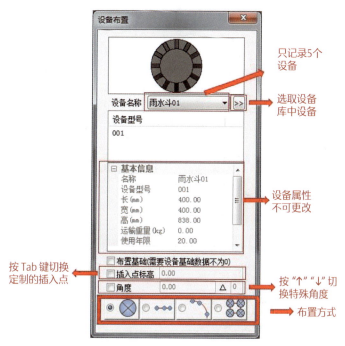

图6-80　雨水斗布置

（11）通气帽

在图示界面中选择通气帽型号，确定通气帽布置点，将通气帽旋转到需要的角度即可完成布置（图6-81）。

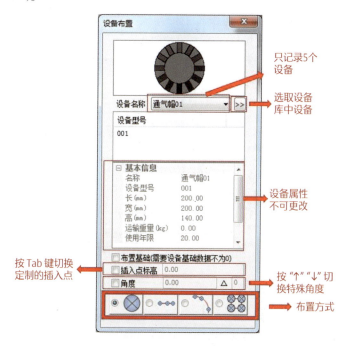

图6-81　通气帽布置

6.2.3 设备布置与连接

1. 卫浴布置

在"设备"界面中选择卫浴设备型号，确定布置点，将设备旋转到需要的角度即可完成布置（图6-82）。

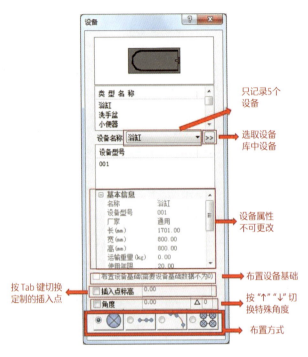

图6-82　卫浴布置

2. 卫浴连接

在"给排水系统连接"界面中可设置卫浴连接方式，选择需要连接的卫浴设备类型、连接的距离或者标高参数以及连接样式等（图6-83）。

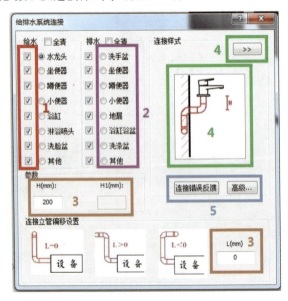

图6-83　卫浴连接

3. 水箱布置

（1）成品水箱

在"设备布置"界面中选择水箱型号，确定水箱布置点，将水箱旋转到需要的角度即可完成布置（图 6-84）。

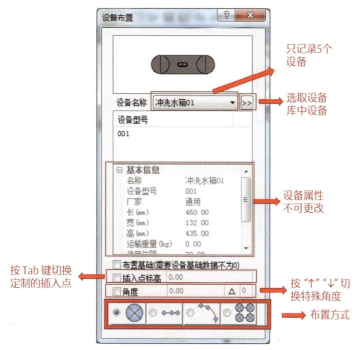

图 6-84　成品水箱布置

（2）自定义水箱

"自定义水箱"布置界面包括："水箱参数""基础参数""管口布置信息界面"三项。在"水箱参数"界面中选择类型，输入长、宽、高数值；在"基础参数"界面中输入长、宽、高、数量、间距、底标高等信息；在"管口布置界面中"选择需要添加的管口信息，即可完成水箱布置（图 6-85）。

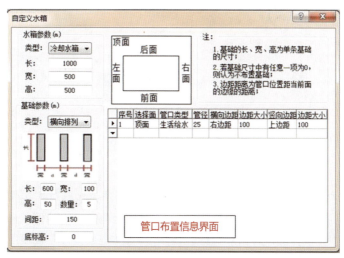

图 6-85　自定义水箱布置

热水器、水泵、设备基础、软水设备、集水坑、排水沟、室外设备的布置方式类似，此处不再赘述，根据实际建模过程中遇到的场景，适当调整参数建模即可。

6.3 电气系统绘制方法

6.3.1 电气专业工程设置

1. 线管、桥架系统设置

在"线管系统设置"界面中完成线管和接线盒系统名称、系统代号、系统类型和绘图颜色设置。黑色箭头 ▶ 所指的行为当前系统，用户可以修改当前系统的参数。系统类型是软件预设的，用户不能添加，仅能从系统类型列表中选择。在线管系统设置列表中，单击 ▼ 添加一行，用户填写系统名称、系统代号、系统类型和绘图颜色即可完成一个新系统的定义。

"导入"功能可以从程序外部读入已定义的".xml"文件，代替系统中的线管系统类型。"导出"功能可以将程序中的线管系统类型保存至外部".xml"文件，从而可以在不同机器上重复使用。"重置"功能可以将程序中的线管系统类型恢复至系统默认的类型（图6-86）。

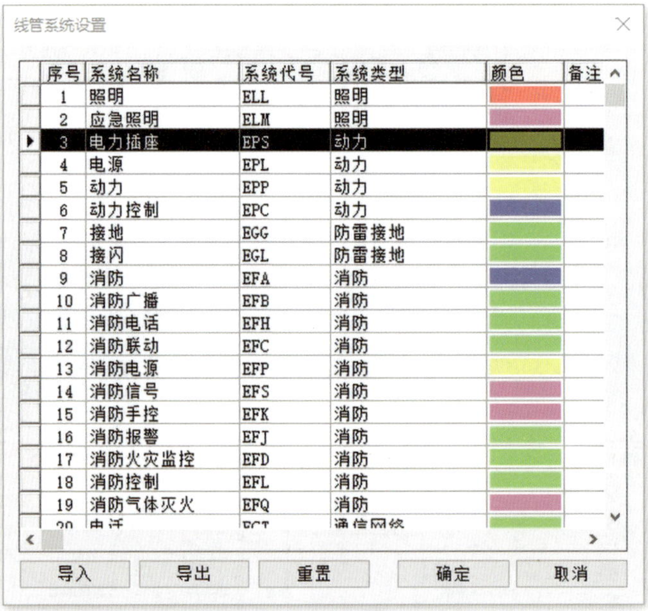

图 6-86 线管系统设置

桥架系统设置与线管系统设置的方法、界面基本一致，此处不再赘述。

2. 桥架默认连接件设置

在"连接件参数设置"界面中完成桥架绘制及桥架连接中默认连接件的设置，通过界面右侧的属性栏可以修改连接件的参数。"修改工程中当前类型连接件"选项用于修改工程中存在的当前选中连接件的属性值。"修改工程中所有类型连接件"选项用于修改工程中存在的所有连接件属性值（图6-87）。

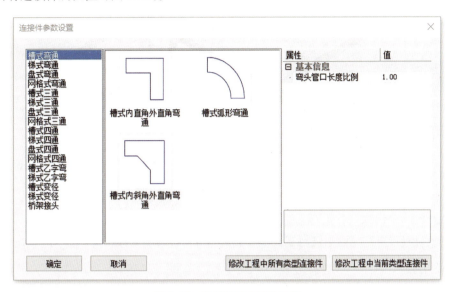

图6-87　桥架默认连接件设置

3. 线管建模设置

"线管建模设置"用来设置在绘制和连接相关的建模过程中，线管的连接方式、接线盒默认的规格、尺寸及材料等参数。

线管连接方式采用"弯头连接"时，系统会使用弯头作为线管连接件。弯头半径由"弯头半径取线管管径的倍数"定义。采用"接线盒连接"时，系统会使用接线盒作为连接件，连接时设置接线盒的默认规格（图6-88）。

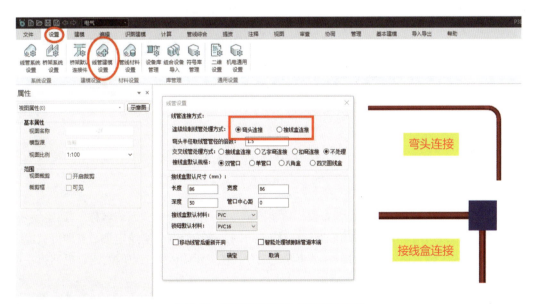

图6-88　线管建模设置-线管连接方式

交叉线管自动避让处理方式包括"接线盒连接""乙字弯连接""扣弯连接""不处理"四种模式（图6-89）。

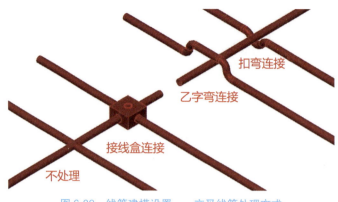

图 6-89　线管建模设置——交叉线管处理方式

4. 管线材料设置

"管线材料设置"界面中可对截面积、载流量进行设置和修改，如图 6-90 所示。

图 6-90　管线材料设置

6.3.2　线管 / 桥架绘制

1. 线管 / 导线布置

1）线管布置

单击"建模"页签中的"线管布置"功能按钮，可调整线管的"系统名称""回路编号"等属性信息，依次给定第一点和第二点完成线管绘制，连续绘制只需给定第二点即可完成线管绘制。在提示输入第一点时右击，结束绘制命令；在提示输入第二点时右击，返回第一点重新输入。

（1）第一点捕捉处理：当捕捉到线管末端，会根据当前管与捕捉线管的相对位置自动生成默认弯头、接线盒、弯头＋接线盒；当捕捉到管上位置，则生成接线盒或接线盒＋弯头。

（2）第二点捕捉处理：当捕捉到线管末端，会根据当前管与捕捉线管的相对位置自动生成默认弯头、接线盒、弯头＋接线盒；当捕捉到管上位置，生成接线盒或接线盒＋弯头。

从构件（如灯具、插座、接线盒、配电箱等）单击命令夹点可启动"线管布置"命令，第一点已默认为命令启动位置（一般为管口或构件中心），直接给定第二点即可完成管线布置（图 6-91）。

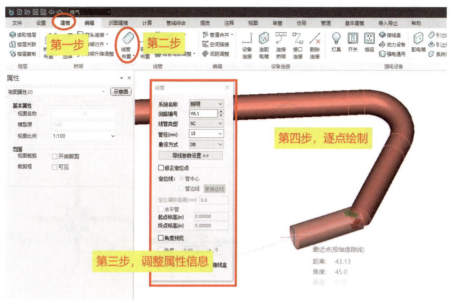

图 6-91　线管布置

2）竖直线管布置

单击"建模"页签中的"线管布置"下拉菜单，选择"竖直线管"功能按钮，确定线管的底标高和顶标高后，点取布置点完成布置（图 6-92）。

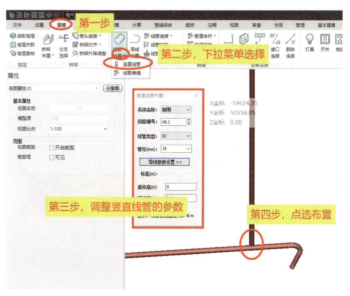

图 6-92　竖直线管布置

3）线管连接

"线管连接"菜单命令位置如图 6-93 所示，在其中可选择线管连接方式。

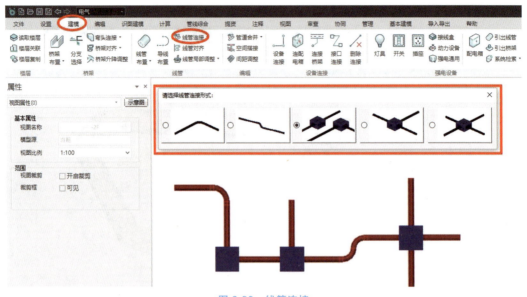

图 6-93　线管连接

4）空间搭接

单击"建模"页签中的"空间搭接"功能按钮，点取需要连接的交叉管道，软件会自动用三通和竖管将空间管道连接起来，打断的线管和竖管之间用弯头或者接线盒连接，具体用哪种构件可以通过工程实际进行设定（图 6-94）。

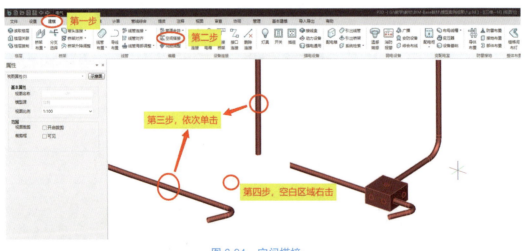

图 6-94　空间搭接

5）导线布置

"导线布置"界面如图 6-95 所示，可根据实际需求对导线参数进行设定，绘制导线。

6）管道对齐

管道对齐分为横管对齐和立管对齐两种方式。

（1）中心对齐：指两根管道的中心线在同一条直线上对齐，保持两管坡度一致。

（2）横立对正：指横管与参考立管对齐，即两管中心线相交，横管标高不变（图6-96）。

图 6-95　导线布置

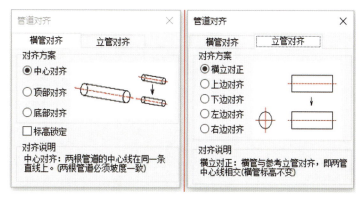

图 6-96　管道对齐

2. 桥架/线槽布置

1）桥架布置

"桥架布置"界面中可对系统名称、桥架类型、桥架材料等进行设置和修改。同时可以设置桥架布置标高、桥架偏移距离等绘制参数。

（1）系统名称：设置要绘制的桥架所属的电气系统类型，系统名称是系统的唯一标识，桥架类型与系统名称相对应。

（2）桥架类型：设置桥架的类型，目前有槽式、梯式、盘式和网格式可供选择。

（3）桥架材料：有玻璃钢、不锈钢、镀锌、铝合金等可供选择。

（4）大跨距：选项可设置有无大跨距属性。

（5）隔板：勾选"隔板"选项，可以设置隔板距离。

（6）截面尺寸：设置所绘制桥架的截面宽和截面高，可通过"交换"按钮交换桥架的宽和高。

（7）修正定位点：在非勾选状态下，组合框内的设置无效，根据光标实际点定位桥架；在勾选状态下，会根据组合框内的设置对光标点进行修正，利用修改后的点定位桥架，所绘制管道标高取桥架绘制界面中的标高。

（8）截面对齐：在勾选状态下，对齐方式生效，且当满足第一点已捕捉到桥架管口条件时起作用。在非勾选状态下，"中心线偏移"和"中心线标高"设置起作用，利用偏移和标高方式修正光标定位点。

（9）偏移：指当前桥架相对光标第一点和第二点连线的偏移量。

（10）中心线标高：指桥架两端管口的标高，包括按桥架底标高、中心标高和顶标高三种方式。勾选"水平桥架"时，起点标高和终点标高相同。

（11）桥架连接件设置：用于设置桥架连接件类型和默认参数（图6-97）。

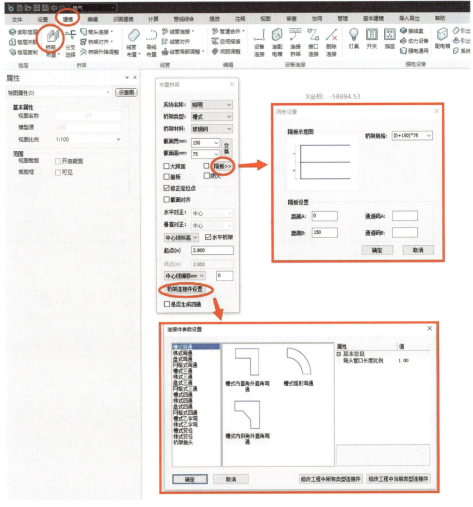

图 6-97　桥架布置

2）桥架竖管布置

"桥架竖管布置"界面如图 6-98 所示。"角度"指桥架相对 X 轴旋转角度。确定参数后，点取布置点完成布置。

图 6-98　桥架竖管布置

3）桥架弯头连接

单击"建模"页签中的"弯头连接"功能按钮，单击其下拉菜单，"弯头连接"分为"三通连接""四通连接"等方式。在弹出的"弯通"对话框中，可根据提示选择桥架并进行连接。

（1）任意布置：指在屏幕点取弯头布置点进行布置。如捕捉到管道口可按住 Shift+Tab 组合键移动鼠标进行上下左右四个方向旋转。

（2）连接方式：指依次点取第一根管和第二根管，右击结束选择，再次右击完成弯头连接。弯头与管道断面参数自动取与之相连的管道断面参数。

（3）替换：指在界面中选择弯头类型，然后在绘图区选择需要替换的弯头，即可完成弯头替换（图 6-99）。

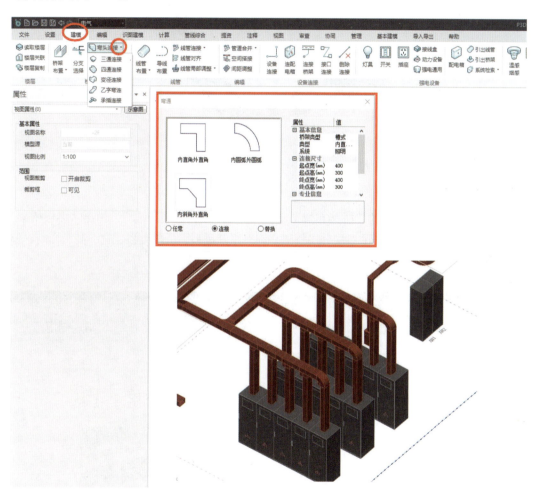

图 6-99　桥架弯头连接

4）桥架分支选择

单击"建模"页签中的"分支选择"功能按钮、需点选水平桥架才能实现桥架分支选择功能，不可点选竖直桥架和连接件。点选单根桥架时出现绿色箭头，选择箭头对应的分支；单击中间则选择整个分支（图 6-100）。

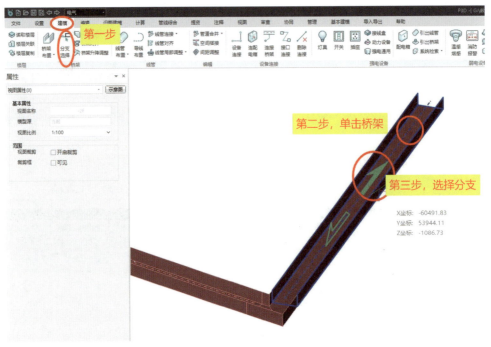

图 6-100 桥架分支选择

5）多层桥架

单击"建模"页签中的"桥架布置"下拉菜单，选择"多层桥架"，弹出"多层桥架"对话框。单击"新增"按钮可添加分层桥架，调整系统类型、桥架类型、宽、高、标高、偏移、盖板、隔板等参数，在平面中绘制多层桥架（图 6-101）。

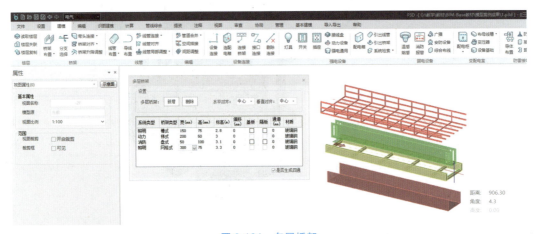

图 6-101 多层桥架

6.3.3 灯具布置

单击"建模"页签中的"灯具"功能按钮，调整灯具布置的属性信息。单击"灯具名称"旁边的调出按钮 >> ，在设备库中选择所需要的灯具形式，并在弹出的"设备库"对话框的右下角对选择的灯具属性信息进行调整（图 6-102）。

第6章 机电专业建模

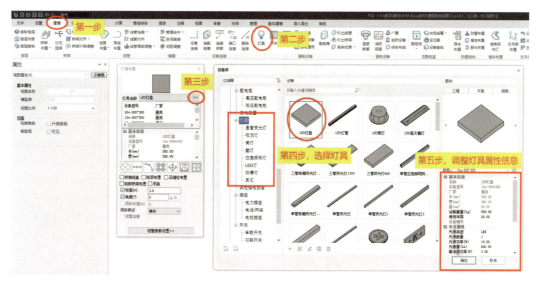

图 6-102 灯具布置

（1）灯具布置方式：包括任意布置、沿墙布置、弧线布置、吸顶布置、扇形布置、门上布置、居中布置等方式。

（2）任意布置：在绘图区选取灯具布置定位点，单击确定后，根据需要旋转灯具方向，再次单击完成灯具布置。

（3）沿墙布置：选择沿墙布置，命令行提示选择壁装灯具进行布置（非壁装灯具不可以进行沿墙布置）。在模型中选择要布置的墙体，移动鼠标，当检测到墙时就会显示出模型，若需要改变插入点，只需在输入框中输入插入点位置（注意标注的值），再按回车键即可将图形固定到指定点。这个时候不能再移动图形，可以通过在输入框中输入坐标值改变位置，单击即可布置设备（图 6-103）。

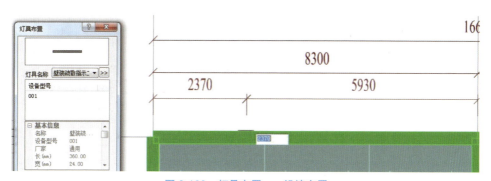

图 6-103 灯具布置——沿墙布置

（4）附接线盒：用于在布置灯具的同时，在灯具接孔处连带布置接线盒（图 6-104）。

（5）吸顶布置：勾选"吸顶布置"后，灯具可自动吸附到建筑板、结构板、空调板、阳台板、预制沉箱和叠合板上面（壁灯不可以进行吸顶布置），开启捕捉点，标高处于不可选中状态，选择楼板，布置的灯具均会吸附在楼板底下，如果进行多个灯具布置时，没有楼板的区域不布置灯具（图 6-105）。

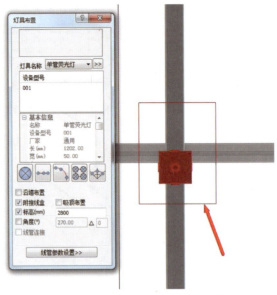

图 6-104　灯具布置——附接线盒布置

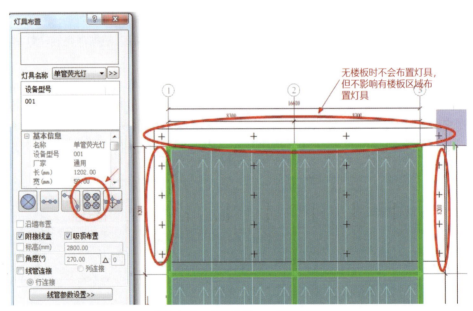

图 6-105　灯具布置——吸顶布置

> 注：目前灯具可以在建筑板、结构板、空调板、阳台板、预制沉箱和叠合板中的一种或多种情况下进行吸附，其他楼板或实体均不会自动吸附灯具；如果信息提示"没有找到合适的楼板，请重新选择"时，可以先隐藏非上面提及的六种板，再选择布置方式布置灯具。

（6）门上布置：区别于其他布置方式，仅适用于在门上居中位置布置，可以设定距离门上多高位置进行单个灯具布置，其他情况不适用。对于灯具的选择，只能选择壁装安装的灯具，如：安全通道，楼层号指示灯等；其他灯具，如：圆形吸顶灯、荧光灯等均不适用。选择合适的灯具，确认是否需要"附接线盒"，输入门上距离，然后单击一个门，切换至顶视图，可以切换灯具布置的位置在外侧还是内侧，再次单击布置完成（图6-106）。

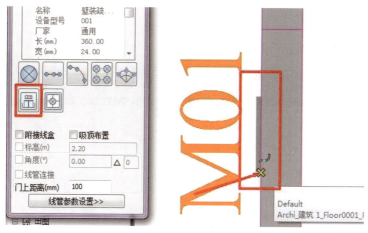

图 6-106 灯具布置——门上布置

6.3.4 弱电系统设备

弱电系统包括温/烟感、消防报警、广播、安防设备等。本节以温/烟感设备为例进行介绍。

温/烟感布置界面可分为探测器类型、布置方式、探测器参数及布置参数四大部分。布置方式分为任意布置、矩形区域布置、扇形布置、直线布置、弧线布置、自动布置和居中布置，具体布置参数可参考灯具布置。勾选"探测器标高"表示按照指定标高进行布置，如果取消勾选，则再按照光标位置进行布置。此时，如果光标位置为叠合板、阳台板、空调板或预制沉箱时，会自动拾取板底标高进行布置（图 6-107）。

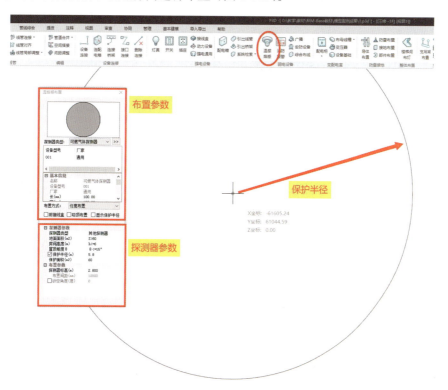

图 6-107 温/烟感布置

6.3.5 开关/插座/接线盒

1. 开关/插座/接线盒选取与参数调整

开关/插座/接线盒的选取与参数调整方法与灯具类似，此处不再赘述（图 6-108）。

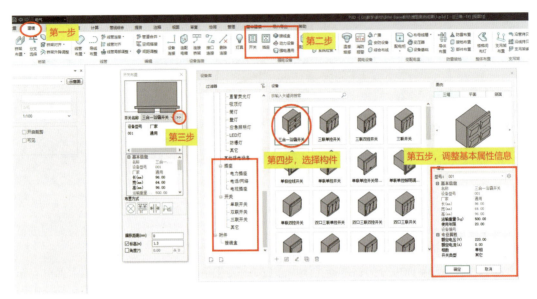

图 6-108　开关/插座/接线盒的选取

2. 开关/插座/接线盒布置

（1）任意布置

任意布置时，可以根据需要确定固定角度或者固定标高布置。在绘图区选取开关/插座/接线盒布置定位点，单击"确定"后，根据需要旋转开关方向，再次单击完成开关布置。"偏移距离"选项可以调整插入点相对于开关初始基点的位置。

（2）沿墙布置

将光标置于建筑墙的位置，自动显示开关定位点，并且显示开关相对墙体首尾的位置。单击鼠标左键，即可沿墙布置开关（图 6-109）。

（3）穿墙布置

将光标置于建筑墙的位置，开关将以对称于墙体两侧的方式自动显示定位点，并且显示开关相对墙体首尾的位置。单击鼠标左键，即可将一对开关穿墙布置（图 6-110）。

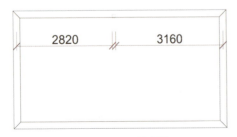

图 6-109　沿墙布置

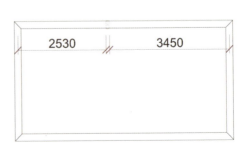

图 6-110　穿墙布置

6.3.6 变配电设备绘制

1. 配电箱布置

配电箱在布置之前需将建筑墙体模型通过"视图参照"的方式连接入项目中。配电箱布置可以分为通用配电箱布置与定制配电箱布置,单击"建模"页签中的"配电箱"功能按钮,设置配电箱类型、系统名称、布置参数和布置方式等(图6-111)。

单击绘制好的配电箱,上端出现夹点,单击夹点即可绘制配电箱线管(图6-112)。通过"自定义配电箱"命令可以在夹点上创建"桥架"(图6-113)。

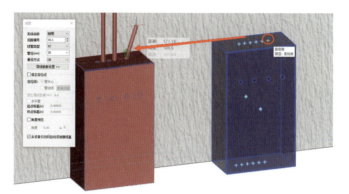

图 6-112 配电箱线管

图 6-111 配电箱布置

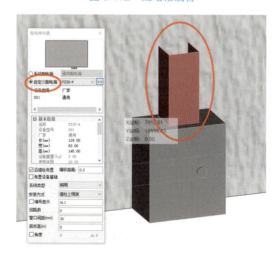

图 6-113 配电箱桥架

2. 引出线管 / 引出桥架

引出线管功能用于对选定的配电箱按照参数设置的方式引出线管。仅支持对系统配电箱进行引出线管操作(图6-114)。

> 注:配电箱引出线管功能将会为配电箱重新设定引出面管口,非引出面管口保持不变。变压器、配电柜、设备基础的布置方法与配电箱类似,此处不再赘述。

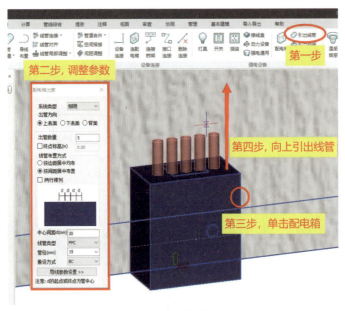

图 6-114 引出线管

6.3.7 设备连接

1. 设备连接方式

设备连接方式有五种，分别是直接连接、直角连接、行连接、列连接和避让连接（图 6-115）。

（1）直接连接

在模型中单击选择一个设备，当单击选择第二个设备后，软件会自动选择距离最近的且无线管连接的两个接线盒进行连接（灯具无接线盒时会选择添加接线盒，默认添加双管口线盒），如有多个设备则直接选择第三个、第四个设备即可直接连接（图 6-116）。

图 6-115 设备连接

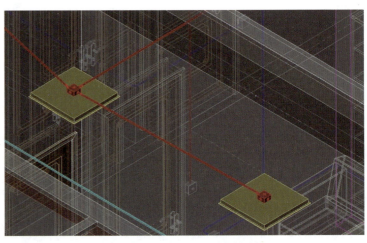

图 6-116 设备连接——直接连接

(2)直角连接

在模型中单击选择一个设备,当单击选择第二个设备后,移动鼠标,即可预览到不同直角的连接方式(图 6-117)。

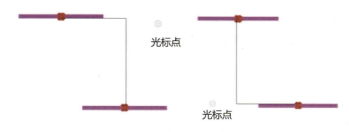

图 6-117 设备连接——直角连接

(3)行连接/列连接

行连接用于连接区域内的设备,将俯视图坐标系中 Y 值相同的设备连接。列连接用于连接区域内的设备,将俯视图坐标系中 X 值相同的设备连接(图 6-118)。

图 6-118 行连接/列连接

2. 接口连接

接口连接操作流程:依次选择要连接的接线盒、开关、插座、线管、电器设备等接口,单击"确定",系统自动判断连接形式,确定后自动连接。接口连接方式有三种:直线连接、沿地面连接、沿顶板连接,见图 6-119。

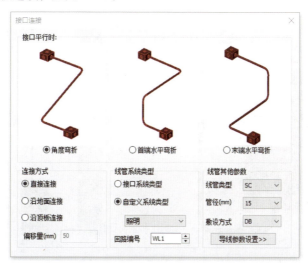

图 6-119 接口连接

3. 连配电箱

连配电箱操作流程：单击"建模"→"连配电箱"命令，勾选"直角连接"时通过鼠标控制连接的直角路径，勾选"直接连接"时自动生成最近路径，根据"线管参数"中"标高"的设置生成连接的水平管道，完成后自动跳转到下一个配电箱（图 6-120）。

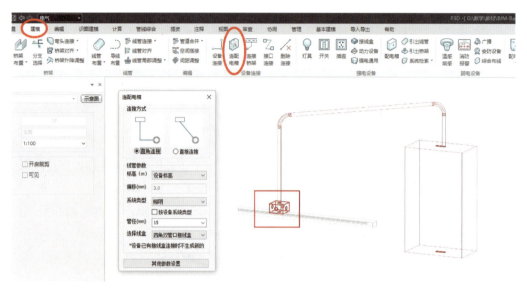

图 6-120　连配电箱

（1）沿地面连接：当选择"沿地面连接"时选择设备和配电箱电口的方向均需为 Z 轴的负方向。在设置偏移量时以 0 标高为基准，如需线管在 0 标高之下时，偏移量需为负值。图 6-121 中线管标高为 −100mm，配电箱标高为 0mm。

（2）沿顶板连接：当选择"沿顶板连接"时选择设备和配电箱电口的方向均需为 Z 轴正方向。在设置偏移量时以层高为基准，如需线管在层高之上时，偏移量需为正值。图 6-122 中线管标高为 100mm，配电箱标高为 0mm。

桥架连接与线管连接的布置方式类似，此处不再赘述。

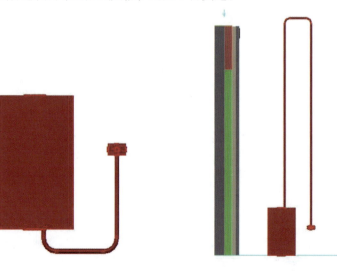

图 6-121　沿地面连接　　　　图 6-122　沿顶板连接

6.4 机电设备库、洁具库

6.4.1 设备库

1. 设备库管理

"设备库管理"界面分为分类树、设备列表、图例、属性四部分。单击"过滤器"右侧 ▽ 按钮可以打开"设备分类显示过滤器",在里边可以勾选非当前专业的设备类型,勾选后会添加进左侧分类树中(图 6-123)。

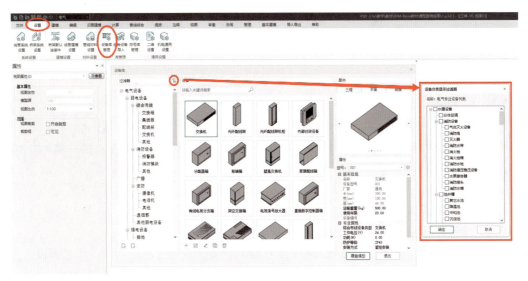

图 6-123 设备库管理

(1)载入设备:可以将选择路径中的 .pbe 格式的机电设备库文件导入系统,按照勾选的类型载入设备。

(2)导出设备:与载入设备功能一致,根据需要可将当前程序中的设备按照勾选的分类进行导出(图 6-124)。

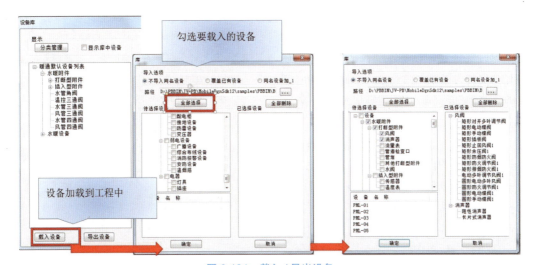

图 6-124 载入/导出设备

设备列表上方提供关键词搜索功能，输入内容后按照分类树的分类自动搜索该分类下的设备，并展示到列表中（图6-125）。

图 6-125　设备库搜索

2. 组合设备库导入

在布置组合设备之前需单独导入组合设备库，分为三种导入方式：不导入同名设备、覆盖已有设备和同名设备加_1。

（1）不导入同名设备：初次导入时或者已导入设备库，需导入新的设备库且新设备库中添加了不同名的设备时可选择"不导入同名设备"。

（2）覆盖已有设备：如已导入设备库，需导入新的设备库且设备库中同名设备有更新，需替换旧设备时可选择"覆盖已有设备"。

（3）同名设备加_1：如已导入设备库，需导入新的设备库且设备库中同名设备有更新，需同时保留新、旧设备时可以选择"同名设备加_1"方式导入，在新设备名称后会加"_1"后缀区分。

（4）路径：单击"路径"旁边的 按钮可以选择目标设备库的存放路径。默认路径为安装目录下":\Program Files\PKPM\P-KPM-BIM \Support\ 设备数据库 \PKPMMep-AssemblyProduct.pbe"。

（5）待选择设备：从"待选择设备"中选择需要导入的设备，可以单击每个设备前面的复选框或单击"全选"按钮。选择完成后在"已选设备"框中会将选择的设备列出来。单击"清空"按钮可清空选择的设备项。选择完毕后单击"确定"完成设备导入（图6-126）。

图 6-126　组合设备库导入

6.4.2 洁具库

1. 洁具库的调用与布置

在建筑专业建模中可调用系统内置的常用洁具，与机电专业共用洁具库。单击建筑专业"素材"页签中的"洁具库"功能按钮，选择洁具的类型名称、设备名称，填写洁具的基本信息、洁具插入时的标高和角度，选择洁具布置的方式，可以选择任意布置、直线布置、弧线布置、矩形布置等。在视图中单击确定洁具布置位置，再次单击确定布置角度，即可完成洁具布置（图 6-127）。

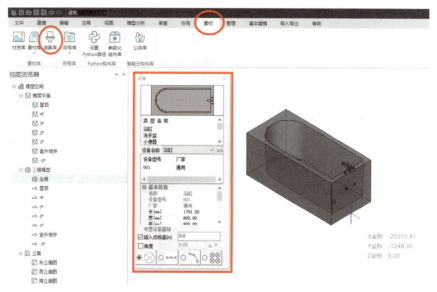

图 6-127　洁具库

2. 属性修改 / 更新洁具

单击任意已布置的洁具模型，弹出洁具"属性"面板，用户可对"属性"面板中的洁具属性进行修改（图 6-128）。

图 6-128　属性修改 / 更新洁具

6.5 模型编辑

1. 对齐命令

绘制完成给排水、暖通、电气模型后，涉及的管道、风管、桥架可以通过"管线综合"页签中的对齐命令进行相应的空间位置变化与对齐操作。具体操作步骤可参考软件左下角命令提示行的指引，此处不再赘述（图 6-129）。

图 6-129　管道 / 风管 / 桥架对齐

2. 空间搭接

使用空间搭接命令可以轻易完成空间交叉管道之间的连接。操作步骤如下：点取需要连接的交叉管道，软件会自动用三通和竖管将空间管道连接起来（图 6-130）。

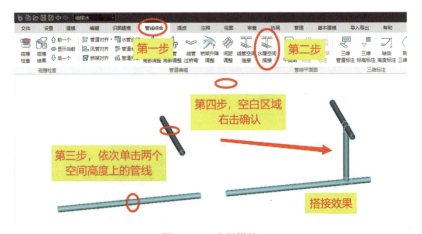

图 6-130　空间搭接

3. 水管局部调整

"水管局部调整"命令可对管道按照指定的区域及角度进行升降和偏移。选择一根水管,按命令提示在水管上选择要升降/偏移的两个点位。勾选"固定距离",可按照输入数值进行升降和偏移;勾选"手动调节"后,可手动拉伸进行升降和偏移。可指定水管升降和偏移的角度,可选择 15°、30°、45°、60°、90° 和 50°(图 6-131)。

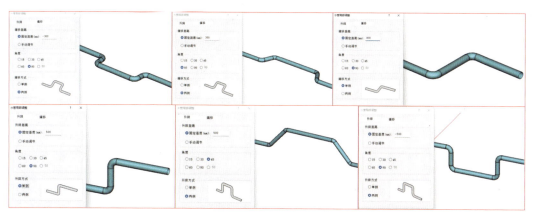

图 6-131 水管局部调整

4. 桥架升降调整

"桥架升降调整"命令可对桥架按照指定的区域及角度进行升降及偏移。选择一根桥架,按命令提示在桥架上选择要升降或偏移的点位。勾选"升降距离"可以输入固定高度,不勾选时也可以手动拉伸调节高度。勾选"三通升降"和"四通升降"只能根据输入的升降距离调整,无法手动拉伸调节。可指定桥架升降所使用的连接角度,连接角度可以选择 30°、45°、60° 和 90°(图 6-132)。

图 6-132 桥架升降调整

第 7 章
案例化应用

▶ 章 引

本章介绍了 BIMBase 平台在工程建模中的实际应用，通过具体案例展示了合并工程、模型标注、清单统计、出图流程及碰撞检查等关键功能。合并工程功能为各专业间及各项目间合并形成统一文件提供了便捷操作。模型标注涵盖了建筑、结构及机电专业的多种标注方式，确保了图纸表达的准确性。清单工具通过字段管理和清单方案设置，实现了对建筑面积、门窗、房间等构件的统计分析。出图流程部分详细讲解了视图调整、视图创建、图纸生成和导出等步骤，确保了高效的图纸制作和成果输出。碰撞检查功能支持水暖电各专业间及其与建筑、结构专业间的碰撞检测，提供了完善的碰撞报告和解决方案。本章通过系统化、流程化的建模方法，帮助工程技术人员全面掌握 BIMBase 在实际项目中的应用技巧和实践，提升项目管理和设计效率。

7.1 合并工程

合并工程为各专业间及各项目间合并形成统一文件的操作，是导入型命令，并非连接型命令，与视图参照应加以区分。合并工程功能既可以应用于专业间数据合并，也可以应用于专业内数据合并。合并后的模型会完全转换成当前项目源文件，可对构件进行修改、删除、复制等操作。原则上合并进来的构件与在当前项目中创建的构件一样。

单击"协同"页签中的"合并工程"功能按钮，弹出"合并工程"对话框，单击"浏览"按钮，弹出源项目所在路径文件夹，选中要合并的项目，单击"打开"按钮，将原项目路径加载到"名称"显示框中。勾选要合并的专业，根据项目需求，选择"替换所选专业"还是"附加所选专业"，指定插入点和旋转角度，单击"确定"完成文件合并（图 7-1）。

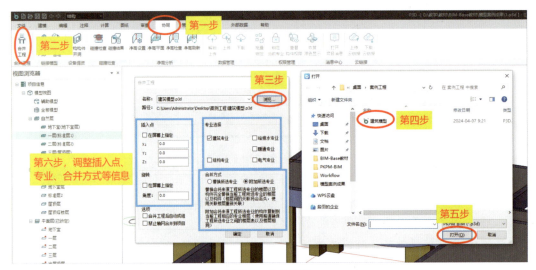

图 7-1　合并工程

（1）替换所选专业："替换所选专业"会用源工程所选专业的楼层及构件完全替换当前工程所选专业的楼层及构件，该操作会让当前项目中的楼层、构件全部丢失，在机电专业替换后需要重新进行楼层关联。

（2）附加所选专业："附加所选专业"会将源工程所选专业的构件附加到当前工程相应的专业楼层，使用该功能需要确保合并源文件与当前项目专业之间的楼层表及楼层相同。请注意：结构专业暂不支持附加方式合并。

（3）合并工程后自动成组：勾选该选项，合并工程后按专业模型自动成组，方便对导入的模型进行进一步编辑。合并工程导入的模型，支持成组、解组、开始组、暂停组等操作。

（4）禁止轴网合并到项目：勾选该选项，合并项目源文件中的轴网将不会合并到当前工程中，避免轴网重复。

7.2 模型标注

7.2.1 建筑/结构专业注释

1. 逐点标注

该功能用于绘制沿图形方向的连续标注。单击第一个标注点作为起始点,单击第二个标注点确定尺寸线方向;拖动尺寸线,单击尺寸线最终位置;逐点给出标注点,右击结束绘制(图 7-2)。

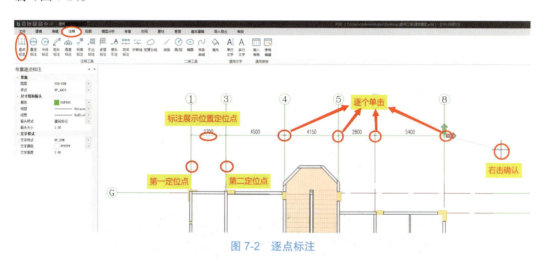

图 7-2 逐点标注

2. 直径/半径/弧长/角度标注

直径/半径标注用于对弧形或圆形图形进行半径或者直径标注。单击"直径标注"或者"半径标注",选取需要标注的弧形或者圆形构件或线条,生成弧形标注,移动鼠标,再次在合适位置单击放置标注(图 7-3)。

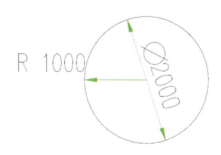

图 7-3 直径/半径标注

弧长、角度标注与直径/半径标注类似,此处不再赘述。

3. 标高标注

该标注用于对平面、剖面、立面的标高进行标注。对于在平面、立面、剖面上的标高标注,可以自动识别构件/实际高度,放置标注。

单击"图纸"菜单下的"标高标注"图标,弹出"标高标注"对话框,可以对标高标注进行设置。平面视图下仅支持在有构件的位置绘制标高标注，标注中的数值自动识别构件高度。立面、剖面视图下，支持在任意位置布置标高标注，标注中的数值自动识别布置位置的实际高度信息。

（1）对话框设置（标注绘制前弹出）

"标注线"仅在立面、剖面视图的对话框中出现，勾选状态下，可水平引出标高标注，标高数值自动识别低一点的实际高度（图7-4）。可下拉选择引出标注线的线型；可设置文字样式、字高、精度。标注样式包括普通标高、带基线标高、引线三种，如图7-5所示。

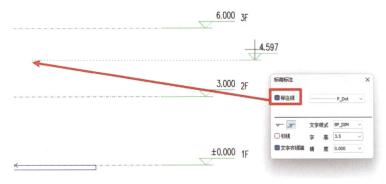

图 7-4　标注线

图 7-5　标注样式

（2）快捷编辑

在绘图区域选中标注后，单击夹点，可移动该夹点的位置。双击标注，弹出"标高标注"对话框，除基本编辑外，还可手动输入替换标高的文字内容（图7-6）。

图 7-6　以文字替换

4. 引出标注

此功能用于添加引出标注及引出标注的相关内容。单击"引出标注"按钮，启动命令；在对话框中编辑好标注内容及其形式后，按命令行提示点取标注；指定标注第一点、引线位置和文字基线位置，点取其他的标注点，完成标注。

引出标注的引线有两种方式：多点共线和引线平行，见图7-7。标注文字相对基线对齐有末端对齐、始端对齐和居中对齐三种方式，见图7-8。

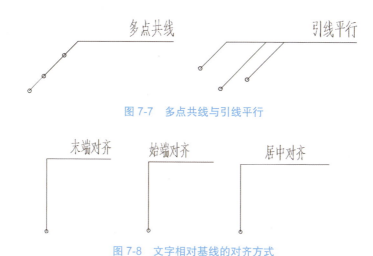

图7-7　多点共线与引线平行

图7-8　文字相对基线的对齐方式

5. 一键标注

该功能可以在图形绘制完成之后，对整体尺寸、轴线、建筑构件（门窗）尺寸进行标注。勾选"尺寸定位"，通过点选设置建筑内、外的尺寸标注位置，可以自动读取门窗洞口以及轴线构件位置，对图纸内容进行标注。勾选"标高标注"，可以对本层的标高进行标注（图7-9）。

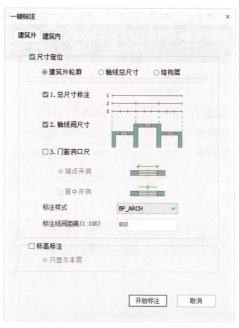

图7-9　一键标注

7.2.2 机电标注

机电标注需进入二维平面视图中完成操作。

1. 引线布置

引线有四种布置样式：引向上层、引自上层、引向下层和引自下层，可根据需要勾选，也可叠加勾选。勾选"布置时左右翻转方向"时可反方向布置引线符号，见图7-10。

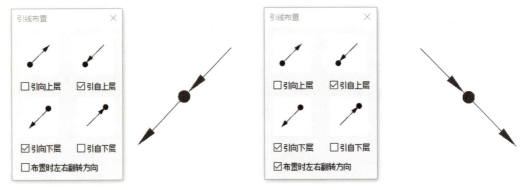

图7-10　引线布置样式和布置方向

2. 灯具标注

灯具标注可选择"灯具读取参数"，也可选择"自定义标注参数"。勾选"灯具读取参数"需选择灯具，按照标注样式中的属性名称读取属性栏参数标注灯具；勾选"自定义标注参数"需自定义输入灯具型号、光源数量、安装高度等信息（图7-11）。

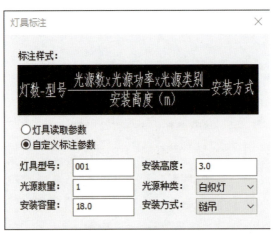

图7-11　灯具标注

桥架标注、导线标注、配电箱标注、水暖设备标注、导线数标注、设备标注、回路标注的标注方法类似，此处不再赘述，需特别强调的是所有标注均需在二维平面视图中完成。

7.3 清单

清单工具在"视图浏览器"中调取使用。默认的清单包括：门窗统计表、房间统计清单、墙构件统计清单、门构件统计清单、窗构件统计清单、二维符号统计清单。双击清单列表或浏览器中的列表可以打开默认的清单（图 7-12）。

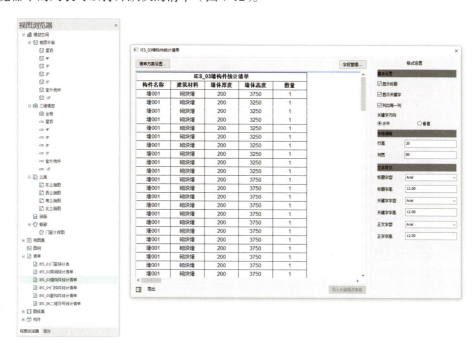

图 7-12 清单统计表

可以通过"字段管理"命令调整字段。在"字段管理"对话框中选择所需字段，单击 --> 、 <-- 按钮即可完成增加与移除字段操作（图 7-13）。

图 7-13 清单字段修改

如需新建除默认清单以外的清单，可通过单击"清单方案设置"按钮，弹出"新的清单配置"对话框，单击"新建"按钮，即可自主新建清单，或复制已有清单作为新建清单（图 7-14）。

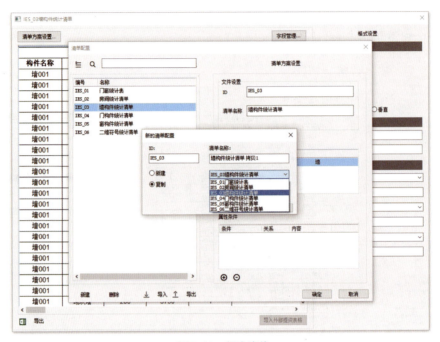

图 7-14　新建清单

7.4　出图流程

7.4.1　视图调整

1. 视图属性

所有视图均附带视图属性，未选中任何构件且未激活任何命令的状态下，即可在属性栏位置查看当前视图的属性。

（1）基本属性：支持视图名称、视图比例的修改，模型源（视图的模型来源）的查看；

（2）视图配置：按构件类别调整构件可见性。

（3）视图覆盖：是视图级的显示控制，可按构件类别对投影/截面/上投影/遮挡情况下的线型、线宽、颜色、填充显示进行调整。

2. 视图裁剪框

可通过视图裁剪框对视图可见范围（水平、垂直方向）进行调整。勾选"开启裁剪"复选框可以控制裁剪框对视图是否进行裁剪。同时勾选"开启裁剪"和"可见"，在视图中会出现裁剪框；选中裁剪框可以调整大小，视图会根据裁剪框大小进行显示，轴网和层高线会根据裁剪框进行联动裁剪（图 7-15）。

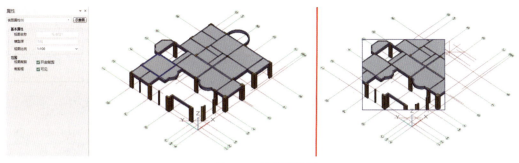

图 7-15 视图裁剪框

3. 复制视图 / 标注跨视图复制

为了生成基于同一底图的多种不同显示的图纸，可以复制视图，然后设定不同的视图配置方案。在"视图浏览器"右击，在右键菜单中选择"复制视图（批量）"，勾选多个视图，批量复制至视图集。勾选"复制项选择"，选择注释是否随模型同步复制，如勾选"仅复制模型"复制后，视图间的模型修改联动，注释不修改（图 7-16）。

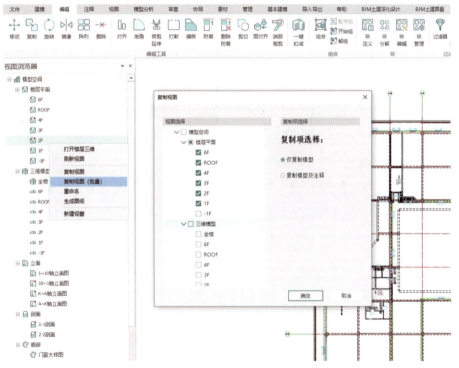

图 7-16 复制视图

> **注 1**：视图支持单个复制也支持批量复制。若选择"复制视图"，则直接复制当前选中的一张视图；若选中"复制视图（批量）"则会弹出"复制视图"对话框，可以勾选需要复制的视图进行批量复制。
> **2**：视图复制过程可根据实际需求对注释进行复制，若新视图出图时的注释与原视图几乎一致，可以选择"复制模型及注释"；若新视图出图时不需要原视图注释，直接选择"仅模型复制"即可；视图复制完成后，若还想复制个别注释，可以进行标注跨视图复制。

4. 视图创建

（1）立面视图

在"视图"选项卡中，单击"创建立面"功能按钮，可使用"矩形创建"或"直线创建"两种方式创建立面图。选择"矩形创建"，左键框选要创建立面图的范围即可生成东南西北四个立面；选择"直线创建"，单击要创建立面的直线范围，再单击选择创建方向，即可生成单个立面（图 7-17）。

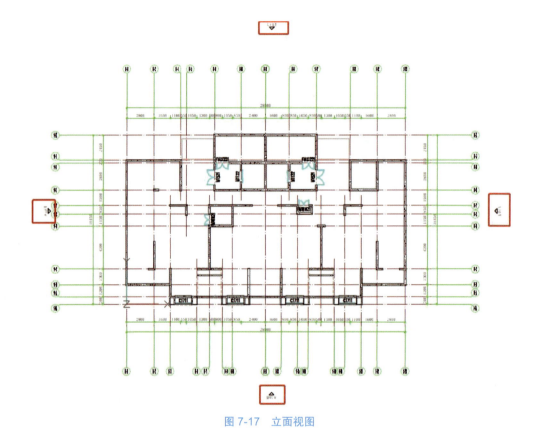

图 7-17　立面视图

视图浏览器中的立面与绘图区中的立面符号直接关联；每当在模型的平面视图中用立面图工具创建一个立面，在浏览器立面视图中就会出一个对应的立面视图。

（2）剖面视图

在视图浏览器中，剖面视图与模型中的剖面标记关联；每当在模型视图上用剖面工具创建一个剖面，项目浏览器中将会增加一个剖面标记条目。

剖面视图的创建与剖面符号的创建方式一致。单击"视图"选项卡的"创建剖面"功能按钮，在属性栏中选择"水平深度范围"，"无限"表示剖视方向下的所有构件可见，"手动"表示在后续的绘制中，第三定位点位置即为水平深度范围，剖面视图下仅在水平深度范围内的构件会被显示（图 7-18）。

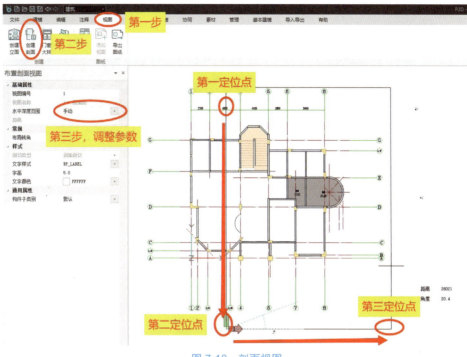

图 7-18 剖面视图

（3）门窗大样图

单击"视图"选项卡的"门窗大样"功能按钮，新建门窗大样视图，同时可以直接在新建的门窗大样视图中布置门窗大样。自定义勾选要输出大样的图例，当工程中门窗发生变更或清单重新统计后，单击更新列表可以将门窗列表树和视图中的大样图例进行刷新。属性面板可设置大样视图图例的布局，包括间距、行距及标注位置。

7.4.2 通用图纸

1. 生成图纸

该功能用于将模型空间或映射空间中已经绘制好的内容插入图框中形成完整的信息，可以调整图幅、图纸生成方向等信息。

选中视图后右击启动快捷菜单，选择"生成图纸"命令，弹出"生成图纸"对话框，在"布图目录"中选择出图视图，选择图纸生成位置，设置图纸名称，选择图框样本（支持导入和自定义创建），选择图幅、方向，布图样板用于选择图纸中视图的排布方式，支持自动布图和自定义布图两种方式。选择合适的位置放置视图，即可生成图纸（图 7-19）。

还可用拖拽视图、添加视图的方式出图。"拖拽视图"方式仅需在完成新建的图纸中，选择需要出图的视图，按住鼠标左键将其拖拽至图纸区域即可。

"添加视图"方式需在完成的图纸中打开一张图纸，单击"添加视图"按钮，弹出"选择出图视图"对话框，选择要添加视图，单击"添加"；选择合适的位置放置视图，即可完成视图添加（图 7-20）。

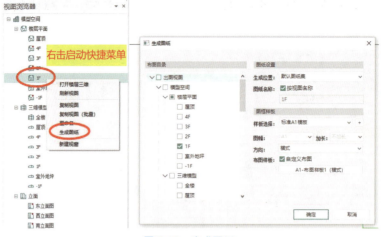

图 7-19　生成图纸

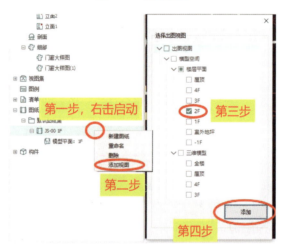

图 7-20　添加视图

2. 图签样板

单击项目浏览器中的"图纸集",切换到"属性"对话框,单击"样板选择"功能按钮,新建样板,如图 7-21 所示。

图 7-21　新建图签样板

3. 跨专业参照出图

跨专业参照出图操作步骤如图 7-22 所示，可以参照新增建筑、结构平面视图跨专业出图。

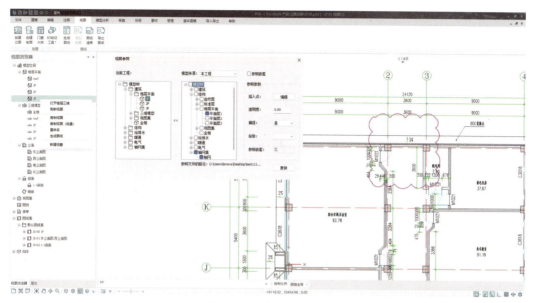

图 7-22　跨专业参照出图

4. 图纸导出

完成所有视图制图和出图后，可以导出 DWG 和 PDF 格式的成果。单击"视图"选项卡中的"导出图纸"功能按钮，勾选需要导出的图纸，选择 DWG 或者 PDF 格式，单击"导出"，选择成果保存位置，单击"确定"，即可完成图纸成果导出。导出完毕自动弹出保存位置文件夹，可查看图纸成果（图 7-23）。

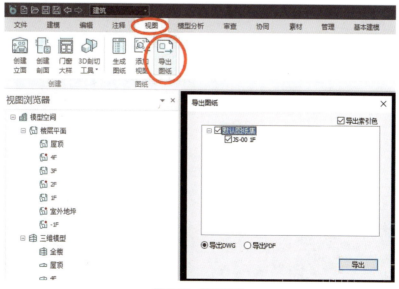

图 7-23　图纸导出

7.5 碰撞检查

碰撞检查功能支持水暖电各专业之间及其与建筑专业、结构专业构件的碰撞检查。其中设备专业构件是主动碰撞构件，即先从选中的楼层中找到选中构件类型的所有构件，然后逐一检测这些构件与其他所有选中类型构件（包括建筑结构设备）的碰撞情况。首先以建筑楼层为基准，列出所有楼层，仅选中的楼层参与碰撞检查。分专业、分构件列出所有构件，仅选中的构件类型参与碰撞检查。其中风管件包括风管、风管弯头三通等，水管件、桥架件、线管件、母线槽类似。对水管和电气线管的管径进行过滤，小于等于设定值的不参与碰撞。对话框中"安全距离"可解决部分软碰撞情况，即当两个构件的实际边界距离小于该设定值时，也认为发生碰撞。若勾选"清除原有碰撞结果"，执行碰撞检查时，原有已生成的碰撞标记会先清除（图 7-24）。

单击"管线综合"页签中的"碰撞结果"功能按钮可以查看碰撞后的结果，可以筛选楼层、专业。若勾选"自动显示到碰撞位置"，在碰撞点间切换时，视图会自动定位到碰撞点附近位置。有些条件下可能存在构件的遮挡问题，可以通过右键快捷菜单的隐藏构件功能来隐藏不相关的构件，或者使用设透明度功能设置若干构件的透明度，以方便查看。在碰撞结果中选择专业和楼层，单击"生成报告书"，设置表格的参数后生成碰撞报告的 Word 文件（图 7-25）。

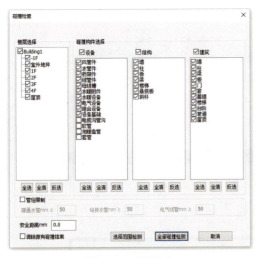

图 7-24 碰撞检查

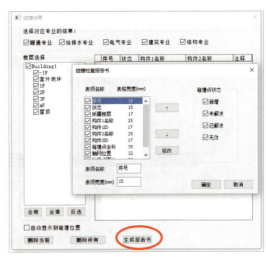

图 7-25 碰撞结果

第 8 章

装配式应用简述

▶ 章 引

本章将深入介绍基于 PKPM-BIM 平台完成的结构模型转换为 PKPM-PC 全功能模块后的操作流程，重点在于基本操作原理和简单操作流程。本章内容涵盖板、墙、梁、柱等预制构件的指定、拆分及配筋设计等关键步骤。预制构件的指定过程包括在自然层中选择并设置构件类型的预制属性，以及调整预制属性的方法。楼板的装配式设计细分为楼板拆分和配筋设计两部分，详述钢筋桁架叠合板的基本参数、拆分参数和构造参数，以确保设计的精确度与合理性。墙体构件的应用涵盖洞口填充墙、墙体自由拆分与修改、墙体配筋设计等，提供从墙体拆分到配筋设计完整的技术流程。梁柱构件的拆分与配筋设计则包括预制梁、柱的外形设计、配筋及附加件设计的方法。此外，本章还介绍预留预埋、施工设计和图纸清单等内容，通过系统化的操作步骤确保模型在实际施工中的应用性和可操作性。本章旨在通过简明的操作流程和基础的原理讲解，为工程技术人员提供高效、准确的建模方法和实践指导。

8.1 预制构件指定

在装配式构件建模之前，需进行相关构件的指定，以确定装配式构件建模范围。

1. 预制属性指定

进入需要进行装配式构件建模的自然层，单击"常用功能"选项卡中的"预制属性指定"按钮，在弹出的对话框中勾选需要指定预制属性的构件类型，选择（点选/框选）模型中的结构专业构件，指定预制属性。只有被指定预制属性的结构构件，才允许执行拆分操作从而生成对应的预制构件（图 8-1）。

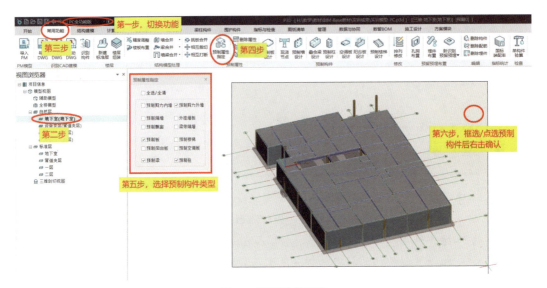

图 8-1 预制构件指定

> 注：预制剪力内墙和预制剪力外墙为互斥关系，只能选择一种。预制阳台板和预制空调板的选择对象都是悬挑板，也为互斥关系。

2. 删除预制属性

单击"预制属性指定"按钮的下拉菜单，可选择"删除预制属性"。勾选需要删除预制属性的构件类型，选择（点选/框选）模型中的结构专业构件删除预制属性。若结构构件已经被拆分出预制构件，则预制构件也将同时被删除。删除预制属性为预制属性指定的逆操作（图 8-2）。

图 8-2 删除预制属性

8.2 板类构件应用

8.2.1 楼板拆分设计

在完成板构件拆分后,单击"板类构件"选项卡中的"楼板拆分设计"功能按钮,调整板拆分相关属性后,框选/点选需拆分的楼板(图 8-3)。

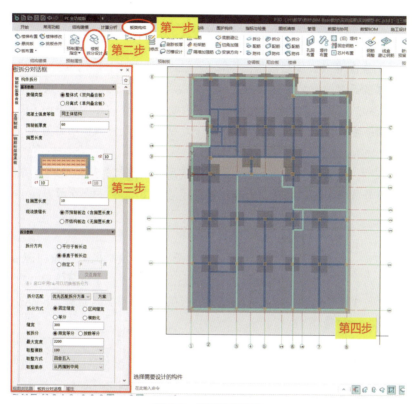

图 8-3 楼板拆分设计

下面介绍楼板拆分设计对话框中的参数含义。

1. 钢筋桁架叠合板

1)基本参数

(1)接缝类型:接缝类型分为整体式(双向叠合板)和分离式(单向叠合板)两类。此选项的作用:①影响计算,长宽比不大于 3 的楼板,当采用分离式接缝时,该楼板下层钢筋按照单向板计算,上层钢筋取单向计算和双向计算的包络值。②影响钢筋端部做法,双向叠合板在叠合板间接缝处和非支承方向支座处均采用钢筋伸出的做法。单向叠合板在叠合板间接缝处钢筋不伸出,非支承方向支座处可选出筋。因此,叠合板板缝处钢筋做法对双向叠合板生效(图 8-4)。

图 8-4　接缝类型

（2）混凝土强度等级：预制楼板的混凝土强度等级通过下拉框设置。①同主体结构：预制板混凝土强度等级读取结构楼板的混凝土强度等级；② C15~C80：预制板的混凝土强度等级为 C15~C80，其具体含义参考《混凝土结构设计规范》(GB 50010—2010)。

（3）预制板厚度：生成的预制板总厚度默认为 60mm。当输入框中数值大于结构板总厚度时，该楼板无法拆分。

（4）搁置长度：控制预制板与支座水平搭接的尺寸，搭接为正，内缩为负。"c1"为水平支承方向（拆分方向）上预制板与支座搭接的尺寸；"c2"为垂直支承方向上预制板与支座搭接的尺寸。

2）拆分参数

（1）拆分方向：为预制板支承方向，垂直拆分方向的预制板边一般均搁置在支座上。当一个楼板（房间）拆分为多块预制板时，预制板接缝方向平行于拆分方向。拆分方向有平行于板长边、垂直于板长边和自定义三个选项。当在执行板拆分（选择）的状态下，按 Tab 键可以切换板的拆分方向。

① 平行于板长边：拆分方向（接缝）平行于板长边。

② 垂直于板长边：拆分方向（接缝）垂直于板长边，与楼板的主受力方向一致。

③ 自定义：使用输入的角度作为拆分方向，输入"0"则水平向右，逆时针方向为正。

（2）拆分方式：根据实际设计场景，拆分方式提供了固定缝宽、区间缝宽、等分和模数化四个选项。等分指拆分完成后，同一房间所有预制板宽度相同；模数化是匹配宽度模数库或构件库完成预制板拆分；固定缝宽与区间缝宽重点在于控制拆分板之间的缝隙数值。

> 注：当结构板为异形板时，长边方向按补齐为矩形后的板长边确定。

3）构造参数

（1）是否设置倒角：预制板是否设置倒角的总控开关，勾选时下面的倒角参数才可用。

（2）倒角位置：控制倒角设置在预制板的哪一个边上，有"仅接缝处"和"四边"两个选项。勾选"仅接缝处"时，仅在板缝处的板边生成倒角。

（3）倒角类型："倒角"分为上部斜倒角和下部斜倒角，斜倒角水平尺寸与竖向尺寸相等；"倒边"指输入倒边水平尺寸，内缩为正；"直角倒角"为上部斜倒角、下部直角倒角尺寸。

2. 全预制板

全预制板基本参数、拆分参数同钢筋桁架叠合板,此处不再赘述。构造参数中的切口尺寸设置如图 8-5 所示,与钢筋桁架叠合板有所不同。

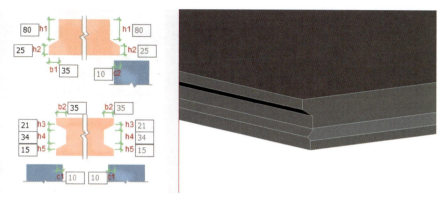

图 8-5 设置全预制板的切口尺寸

3. 钢筋桁架楼层板

1)基本参数

(1)底膜类型:控制底膜的材质,有"镀锌钢板"和"冷轧钢板"两种类型。

(2)底膜厚度:底膜钢板的厚度,支持输入小数。

(3)搭接长度:允许输入 c1 和 c2 值,用于控制拆分方向和垂直拆分方向的搁置尺寸。c1 值为拆分方向起始端的搁置尺寸,终端搁置长度≥c1 值;c2 值为垂直拆分方向的搁置尺寸,此值为确定值。

2)拆分参数

(1)板宽度:拆分的基准板宽度尺寸,当板依次排列余值不足以放置一块基准板时,用不大于基准板宽度的板补充。

(2)搭接宽度:两块楼承板之间咬合的水平投影尺寸。

(3)拆分方向:有"平行于板长边"和"垂直于板长边"两个选项,在拆分时按 Tab 键可以在两个选项间切换。

3)构造参数

a 为边桁架到板边的距离;b 为桁架之间的间距,桁架对称排布;d 为桁架步距(波峰到波峰的距离);k 为桁架底部与板底焊接的宽度;c 为桁架下弦筋下皮到板底距离,一般取混凝土保护层厚度;e 为桁架底部弯折后水平投影长度;f 为桁架底部宽度;g 为底板凸起到桁架底部弯折处的距离;h 为桁架下弦筋底部到桁架上弦筋顶部的距离。

8.2.2 楼板配筋设计

1. 钢筋桁架叠合板

1)板配筋值

单击"板配筋值"按钮,跳转至楼板配筋界面,可以直接导入或读取板平法配筋结果(图 8-6)。

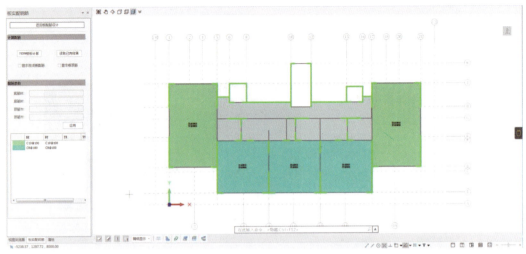

图 8-6　板配筋值

（1）显示现浇板配筋：默认状态下仅显示指定了预制属性的楼板（包括阳台板、空调板）的配筋值。勾选"显示现浇板配筋"复选框时，同时显示未指定预制属性的楼板配筋结果。

（2）显示板顶筋：默认状态下仅显示楼板底筋的配筋值。勾选"显示板顶筋"复选框时，将同时显示楼板顶筋配筋值。

> 注：由于全预制构件顶筋集成于单个构件上，而传统顶筋主要位于支座处，因此对于楼板（不包含悬挑板）顶筋配筋值不能直接应用计算结果，仅采用构造结果。用户如果需要调整顶筋，请参考"配筋参数"中的钢筋调整方法手动调整。

（3）配筋参数：双击板配筋文字，可对单块板配筋值进行编辑（图 8-7）。选择一块板或 Ctrl+ 左键框选几块板，可修改配筋参数（图 8-8）。不同板的配筋值可以用不同的颜色进行标记，可通过配筋参数列表快速查看配筋值（图 8-9）。

图 8-7　编辑板配筋参数

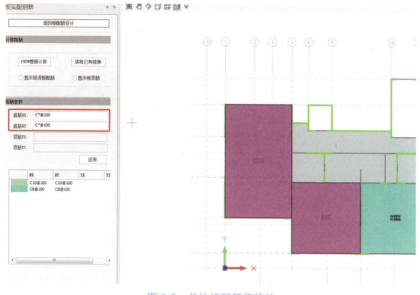

图 8-8 单块板配筋值修改

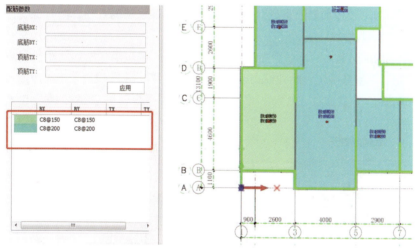

图 8-9 多块板配筋值修改

2）板底筋参数

（1）保护层厚度：叠合板最下层底筋到叠合板底面的净距。

（2）底筋排列方式：有 X 向排布方法和 Y 向排布方法两种方式。两种排列方式的参数是完全独立、互不干涉的，参数设置方式和参数含义完全相同。两个排布方向上均提供"对称排列""顺序排列""边距/间距固定，两端余数排列""加强筋单独排列"和"自定义排列"五种排布方法。

① 对称排列：排列完成后，底筋间距呈中心对称的排列规律。中间间距为配筋值中输入的"钢筋中心间距"，始末钢筋到预制板边的距离相等且位于"边距区间"内，始端第一根和第二根钢筋间距与终端第一根和第二根钢筋间距相等，且不大于"钢筋中心间距"。

间距：目前仅提供"读取配筋值"选项；勾选"边距自动计算"时，"边距最大值"和"边距最小值"不可修改，由程序自动判定边距区间。

边距最小值：控制始末钢筋边距允许的最小值，为 10mm+ 钢筋半径。

边距最大值：控制始末钢筋边距允许的最大值，为 50mm。

勾选"始末采用加强筋"时，始末钢筋采用板边加强筋，加强筋不伸出混凝土，且在底筋避让时不发生位置移动。取消勾选时，始末钢筋采用普通底筋。

"板边加强筋强度等级"下拉框可选择板边加强筋的强度等级；"板边加强筋直径"下拉框可选板边加强筋的直径，同时也支持手动输入直径。

② 顺序排列：顺序排布起始端为靠近预制板局部坐标系的一边。

间距：目前仅提供"读取配筋值"选项。"首根钢筋边距"为起始端第一根钢筋到板边的距离。

附件筋阈值：为该板是否设置附件钢筋的判定界限值。始末根钢筋到板边距离小于等于该界限值时不附加钢筋，大于该界限值时布置附加钢筋。

附加筋边距：当布置附加筋时，附件筋到板边的距离，对始末两端均生效。"附加筋类型"提供"板边加强筋"和"普通钢筋"两种类型，"板边加强筋"不伸出混凝土，且在底筋避让时不发生位置移动；"普通钢筋"与正常钢筋相同。

板边加强筋强度等级：当"附加筋类型"选择"板边加强筋"时，下拉框选择板边加强筋的强度等级；"板边加强筋直径"下拉框选择板边加强筋的直径，同时也支持手动输入直径。

③ 边距 / 间距固定，两端余数排列：钢筋间距由始端边距、始端间距、间距、终端间距和始端边距五个参数确定，此种模式下"始端边距"和"末端边距"由用户输入，"间距"读取自"配筋值"，余数通过"余数控制"分配到"始端间距"和"终端间距"中（图 8-10）。

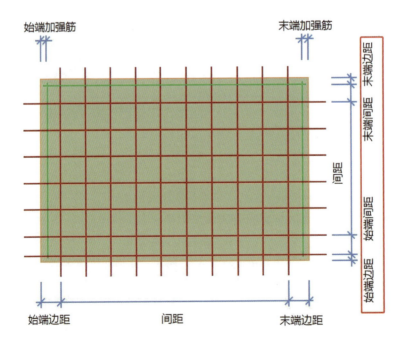

图 8-10　边距 / 间距固定，两端余数

④ 加强筋单独排列：钢筋间距分为始端边距、间距和始端边距，此种模式下"间距"读取"配筋值"，余数通过"余数控制"分配到"始端边距"和"终端边距"中。这种排列方式主要控制普通钢筋。

⑤ 自定义排列：从起始端到终端按照"始端边距"和"间距排列"生成钢筋；"始/末边距"输入框和"余数"输入框中确定第一根钢筋到板边的距离；"间距排列"确定各钢筋之间的距离，支持数字、逗号和乘号形成的数列。

勾选"首根采用加强筋"时，首根钢筋采用加强筋，参数后面的钢筋强度等级和钢筋直径生效，不勾选时，采用普通钢筋。

勾选"末根采用加强筋"时，末根钢筋采用加强筋，参数后面的钢筋强度等级和钢筋直径生效，不勾选时，采用普通钢筋。

（3）预制板四面不出筋：勾选"预制板四面不出筋"时，板配筋部分的参数（包括"单向叠合板出筋""整体是接缝钢筋搭接"和"支座处钢筋超过支座中线a"）置灰不生效，生成的预制板钢筋底筋全部不伸出，在距离板边一个保护层厚度处截断。

（4）单向叠合板出筋：提供"拆分向支座"和"所有支座"两个选项。

① 拆分向支座：仅与拆分方向平行的钢筋伸出，伸出长度参考支座位置；另一个方向钢筋不伸出混凝土。

② 所有支座：单向板上与支座直接相关的板边钢筋均伸出。因此，对中间板来讲，该选项效果与"拆分向支座"无差别，对首末块单向板来讲，除接缝边外的所有边钢筋均伸出。

（5）整体式接缝钢筋搭接：该选项仅对采用整体式接缝的预制板生效，可以选择直线搭接、90°弯钩、135°弯钩、弯折搭接、180°弯折和180°圆弧6种构造方式。

（6）按搭接长度控制：取消勾选"按搭接长度控制"，双向板接缝处钢筋伸出长度＝接缝长度−c1。

① 直线搭接：根据"钢筋伸出长度＝接缝长度−c1"的规则确定伸出长度，钢筋直线搭接不弯折。

② 90°弯钩：钢筋弯折后平直段长度为10d。

③ 135°弯钩：钢筋弯折后平直段长度为5d。

④ 弯折搭接：钢筋弯起后总尺寸为la，弯起高度等于同向钢筋上层和下层的距离。

⑤ 180°圆弧：按照"钢筋伸出长度＝接缝长度−c1"的规则确定伸出长度，钢筋采用180°圆弧向上弯折。

⑥ 180°弯折：按照"钢筋伸出长度＝接缝长度−c1"的规则确定伸出长度，钢筋采用180°直角（2个90°）弯折返回。

勾选"按搭接长度控制"时，按照搭接长度控制伸出钢筋长度，不保证钢筋到相邻预制构件的距离。

3）桁架参数

（1）设置桁架：桁架布置的总控开关，取消勾选时，叠合板上无桁架。

（2）桁架排布方向：桁架排布方向以预制板长边为基准进行控制，提供"平行于预制板长边"和"垂直于预制板长边"两个选项。当预制板两个边长度相等时，以拆分方向作为桁架排布方向。

（3）桁架与钢筋相对位置：由于桁架方向已经确定，因此可以通过常见排布方式控制底筋钢筋网片两个方向上钢筋的上下关系以及桁架高度尺寸。该参数提供了三个选项（图 8-11）。

图 8-11　桁架与钢筋的相对位置

① 位置 1：平行桁架方向的底筋置于上层，桁架底面与同向钢筋底面齐平。桁架底面高度 = 保护层厚度 + 垂直桁架方向钢筋直径。

② 位置 2：平行桁架方向的底筋置于下层，桁架下底面与垂直桁架方向底筋顶面齐平。桁架底面高度 = 保护层厚度 + 平行桁架方向钢筋直径 + 垂直桁架方向钢筋直径。

③ 位置 3：平行桁架方向的底筋置于下层，桁架下弦筋上皮与同向钢筋顶面齐平。同向底筋和桁架底筋需同时满足保护层厚度的要求。垂直桁架方向钢筋置于桁架下弦筋上皮。

（4）桁架长度模数：提供了"200""100"和"无"三个选项。"200"是桁架长度模数的代表性数字，其实质为桁架步距 λ（桁架波峰到波峰的距离，常用距离为 200mm）。在保证桁架端部到板边距离不小于"缩进最小值"的情况下，取允许的最大值（200mm）作为单根桁架总长度。"100"是桁架长度模数的代表性数字，其实质为半个桁架步距 $\lambda/2$。在保证桁架端部到板边距离不小于"缩进最小值"的情况下，取允许的最大值（100mm）作为单根桁架总长度。"无"指板尺寸扣除桁架两侧缩进的余值（"左缩进"与"右缩进"的和）作为单根桁架总长度。

> 注：单根桁架总长度并不代表桁架实际长度，桁架实际长度为单根桁架总长度扣除切角/洞口影响后的尺寸。

（5）桁架规格：通过下拉列表选择，下拉列表中的选项来自于链接的附件库。程序默认提供了"A70""A75""A80""A90""A100""B80""B90"和"B100"等常用规格。桁架规格可以通过"附件库"修改（图 8-12）。

（6）桁架下弦筋伸入支座：当勾选时，桁架下弦筋伸入支座内部，伸出长度与同向底筋伸出长度相同。

（7）桁架排布：勾选"桁架与底筋相关联"时，桁架布置将参考底筋排布，只能布置到同向钢筋正上方。排布时总是保证首末桁架到板边的距离不大于"边距"，各桁架之间的距离不大于"间距"，且排列中边距和间距尽量靠近输入的"边距"/"间距"；勾选"桁架下底筋取消"时，桁架上弦筋对应位置的同向钢筋自动删除。

4）板补强钢筋

（1）隔墙加强筋："布置隔墙加强筋"控制是否布置隔墙加强筋。勾选且本层板的上一层存在隔墙时，本层预制板上生成通长的隔墙加强筋。未勾选该项或者上一层不存在隔墙，本层对应预制板均不会布置隔墙加强筋。在"隔墙加强筋强度等级"下拉框选择隔墙加强筋的强度等级。在"隔墙加强筋直径"下拉框选择隔墙加强筋的直径，同时也支持手动输入直径。

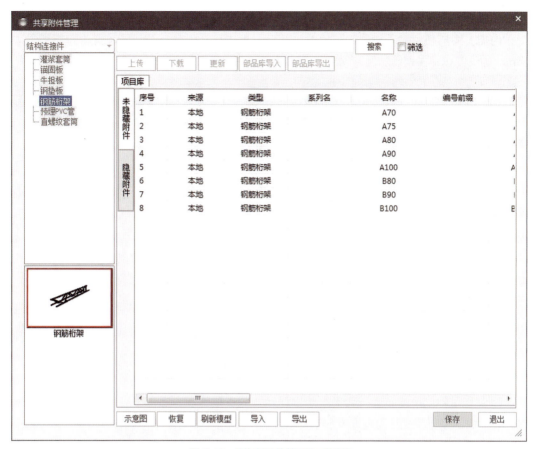

图 8-12 "共享附件管理"对话框

（2）洞口钢筋自动处理：预制板上洞口是底筋/补强筋/桁架等是否处理的总控开关。勾选"洞口钢筋自动处理"时，后续参数才能生效。

"大小洞临界尺寸"，当方形洞口的长宽或圆形洞口的直径小于或等于临界尺寸时，洞口按小洞处理；当方形洞口的长宽或圆形洞口的直径大于临界尺寸时，洞口按大洞处理。

大洞处理方式提供"钢筋拉通""钢筋截断"和"仅截断桁架"三个选项。"钢筋拉通"：相关钢筋、桁架全部不处理，不设置加强筋；"钢筋截断"：相关钢筋、桁架截断，设置补强钢筋；"仅截断桁架"：相关桁架截断，底筋不处理，不设置加强筋。

激活"大洞补强钢筋强度等级"和"直径"等参数，洞口执行自动补强处理；勾选"受力边钢筋伸入支座"时，补强钢筋直接在与支座搭接的方向通长布置。

小洞处理方式提供"钢筋拉通"和"钢筋避让"两个选项。"钢筋拉通"：相关钢筋、桁架全部不处理，不设置加强筋；"钢筋避让"：底筋弯折，桁架不处理，不设置补强钢筋。

（3）设置切角补强钢筋："设置切角补强钢筋"选项是切角位置是否设置补强钢筋的总控开关，勾选时，才会设置切角加强筋。

"切角加强筋强度等级"下拉框用于选择切角加强筋的强度等级；"切角加强筋直径"下拉框用于选择切角加强筋的直径，同时也支持手动输入直径。

"补强类型"提供"截断补强"和"构造补强"两种补强方式。"截断补强"：以不小于切角阶段的底筋截面面积的原则在切角附近的混凝土内布置补强钢筋，补强筋长度为同向支座处钢筋伸出长度＋切角尺寸＋钢筋锚固长度；"构造补强"：当切角边最近的钢筋（混凝土内侧）距离切角大于设置的阈值时，补充一根构造补强筋。补强筋位置为距离切角边 25mm 的位置。补强钢筋长度＝切角尺寸 −15 ＋钢筋锚固长度。

2. 全预制板

全预制板包括"板配筋值""板网片钢筋"和"板补强钢筋"三项，各项及子项参数与钢筋桁架叠合板相同，此处不再赘述。

3. 钢筋桁架楼承板

勾选"桁架筋接计算"时，"桁架顶部纵筋"和"桁架底部纵筋"的钢筋等级和直径取配筋值同方向钢筋配筋结果。当取消勾选时，两项参数支持用户手动录入。"桁架顶部纵筋"控制桁架上弦筋的钢筋强度等级和直径；"桁架底部纵筋"控制桁架下弦筋的钢筋强度等级和直径；"桁架腹杆钢筋"控制腹杆钢筋的钢筋强度等级和直径；"桁架支座横筋"控制桁架端部横筋强度等级和直径；"桁架支座纵筋"控制桁架端部纵筋强度等级和直径。

8.2.3 楼板附件设计

1. 基本参数

吊装埋件类型提供了"直吊钩"和"桁架吊点"两类。

（1）直吊钩：吊钩布置一般平行于钢筋网片的下层钢筋，底部平直段与另一方向的钢筋绑扎。底部平直段上皮与垂直方向钢筋下皮齐平（图 8-13）。

（2）桁架吊点：以三角面片作为桁架吊点标记。当桁架下弦筋上方无贯穿钢筋时，需要在吊点处添加加强筋。加强筋一般放置在桁架波谷位置，加强筋下皮与桁架下弦筋上皮齐平，一组桁架加强筋为 2 根（图 8-14）。

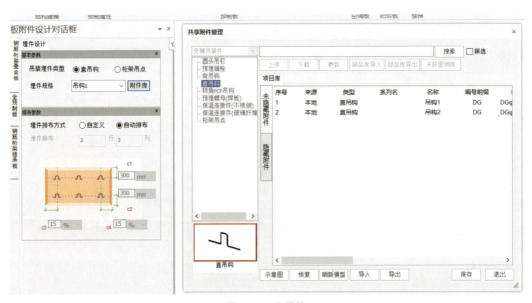

图 8-13　直吊钩

图 8-14 桁架吊点

2. 排布参数

埋件排布方式提供了"自动排布"和"自定义"两种模式。

（1）自动排布：程序根据预制板长宽尺寸、混凝土、桁架相关信息，以保证调运过程中叠合板不因弯矩过大发生混凝土开裂为目标，取试算通过的最少点位布置吊件。每个方向上最多支持计算5跨（4排吊点）。

（2）自定义：自定义模式下，可以定义吊件布置的行列数量以及排布范围，c_1、c_2、c_3、c_4 控制吊点排列时，整个预制板扣除掉对应上、下、左、右四个边的范围，余下中心的部分作为吊点排列范围（图 8-15）。

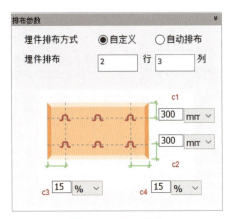

图 8-15 排布参数

8.3 墙类构件应用

8.3.1 墙拆分与修改

1. 洞口填充墙

用户可通过"洞口填充墙"功能对结构洞口进行填充。单击"洞口填充墙"功能按钮，弹出如图 8-16 所示"填充设置"对话框，设置填充墙参数，单击选择结构洞口，在结构洞口内生成填充墙。

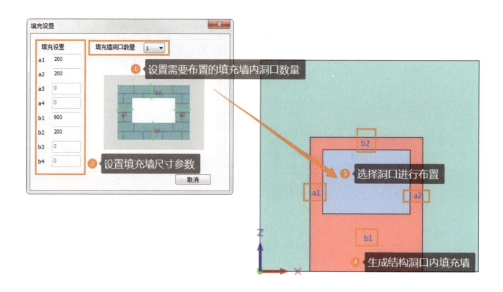

图 8-16　洞口填充墙

2. 墙自由拆分

单击"墙自由拆分"功能按钮弹出墙拆分相关的工具条（图 8-17）。该工具条启动后一直显示在窗口中，直到用户单击最右侧的关闭按钮，关闭该工具条。工具条上每个小图标代表一个操作命令，单击图标开始执行命令。

图 8-17　墙自由拆分

> 注：现浇段暂不支持放到洞口 / 连梁范围内；预制剪力墙可以覆盖完整的洞口 / 连梁，暂不支持预制剪力墙端部节点出现在洞口 / 连梁长度范围内。

（1）自动生成现浇段

单击图标 ，启动自动生成现浇段命令。

（2）单点布置现浇段

单击图标 ，启动单点布置现浇段命令。左侧栏显示布置的现浇段长度，将光标移动到剪力墙上时弹出现浇段在墙上定位尺寸，在墙上合适位置单击放置现浇段（图 8-18）。

（3）两点布置现浇段

单击图标 ，启动两点布置现浇段命令。将光标移动到剪力墙上时，显示光标所在位置标注，命令行提示"单击第一点"，在合适位置单击第一点后，命令行提示"单击第二点",墙上临时标注第二点位置和即将形成的现浇段长度,在合适位置单击第二点后生成现浇段(图8-19)。

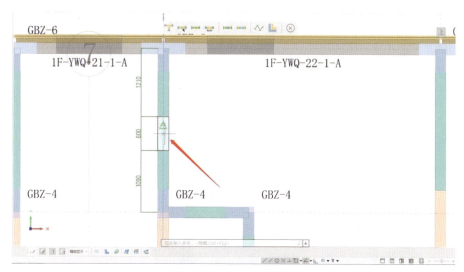

图 8-18 单点布置现浇段

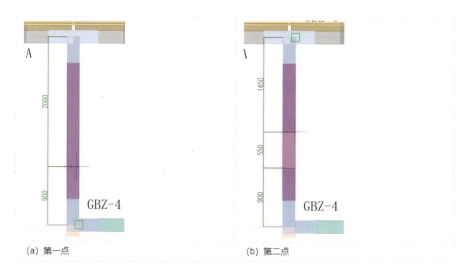

图 8-19 两点布置现浇段

(4)预制墙间自动生成现浇段

单击图标 ![icon]，启动预制墙间自动生成现浇段命令。程序会搜索显示范围内位于同一片剪力墙上的预制墙,并在预制墙之间自动生成现浇段(图8-20)。

(5)现浇段修改

选中墙体中用于连接多段预制剪力墙的一字型现浇段,弹出现浇段原位修改参数进行修改(图8-21)。

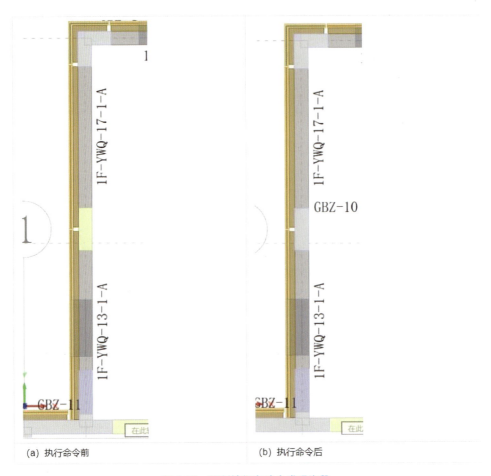

图 8-20 预制墙间自动生成现浇段

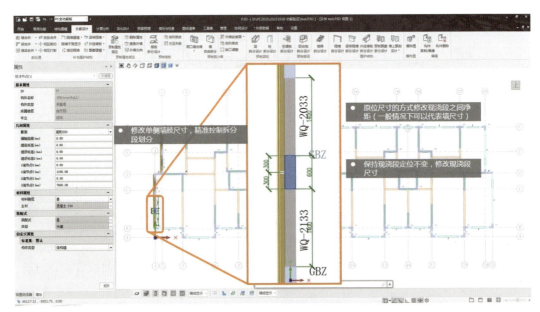

图 8-21 现浇段修改

（6）两点布置预制墙

单击图标 ▭，启动两点布置预制墙命令。左侧栏显示预制墙设计参数，命令行提示"单击第一点"，光标放到指定预制属性的剪力墙上时，出现第一点的临时定位标注；在合适位置单击第一点，命令行提示"单击第二点"，墙体范围内移动光标，临时尺寸标注第二点的距离和第二点的定位尺寸，在合适位置单击第二点，自动根据墙体的预制属性生成预制墙（图8-22）。

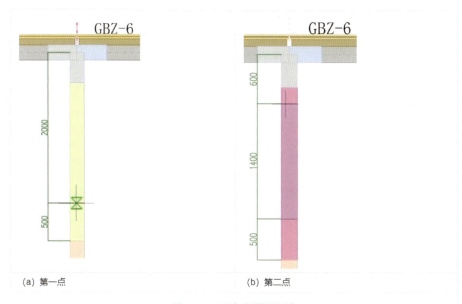

图8-22 两点布置预制墙

（7）拆分形成预制墙

单击图标 ▭，启动拆分形成预制墙命令。左侧栏显示"墙拆分"对话框，光标放到指定预制属性的墙上，在现浇段之间按照一定的拆分规则形成拆分预览，单击鼠标左键形成预制墙。该功能支持框选。

3. 墙自由拆分属性设置

1）基本参数

（1）外墙类型：提供"夹心保温"和"无保温"两个选项（图8-23）。

（2）混凝土强度等级：预制楼板的混凝土强度等级通过下拉框设置。"同主体结构"：预制板强度等级读取结构楼板的混凝土强度等级；"C15-C80"：预制板的混凝土强度等级，其具体含义参考《混凝土结构设计规范》（GB 50010—2024）。混凝土强度等级影响配筋时钢筋锚固长度的计算。

（3）接缝设置：可以手动输入预制墙顶现浇层高度及板底接缝高度（图8-24）。勾选"自适应板厚"时，预制墙顶部现浇高度取"板厚+e1"，e1为楼板底部与预制墙顶高差。不勾选"自适应板厚"时，预制墙顶部现浇层高度取用户手动输入的值。

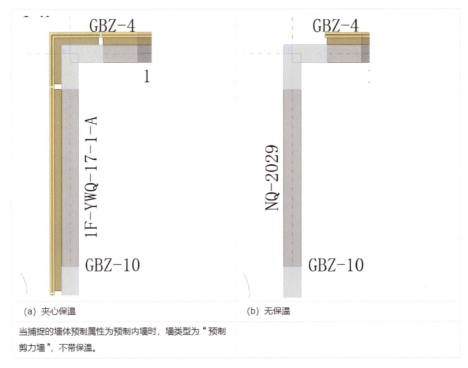

图 8-23 外墙类型

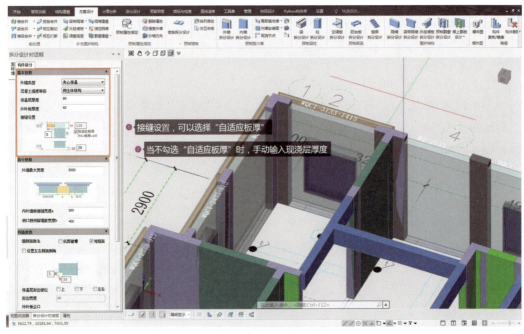

图 8-24 接缝设置

2）拆分参数

（1）外墙最大宽度：可以手动输入，程序自动判断两个相邻现浇段之间的尺寸，当现浇段之间尺寸小于等于"外墙最大宽度"时，自动拆分为一道预制剪力墙。当现浇段之间尺寸大于"外墙最大宽度"时，将墙拆分为多段，拆分逻辑参考"内叶墙板接缝宽度""洞口侧预留墙肢宽度"部分。

（2）内叶墙板接缝宽度、洞口侧预留墙肢宽度：当相邻两个现浇节点之间的尺寸大于"外墙最大宽度"时，程序自动将该墙拆分为多个，多个预制墙之间的现浇宽度取值为"内叶墙板接缝宽度"。当该墙存在洞口时，程序将自动在洞口边预留一段预制墙柱，墙柱的宽度取值为"洞口侧预留墙肢宽度"（图8-25）。

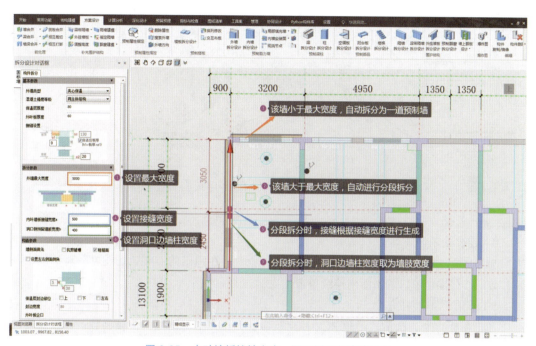

图 8-25　内叶墙板接缝宽度、洞口侧预留墙肢宽度

3）构造参数

（1）墙侧面做法：用户可以选择"抗剪键槽"和"粗糙面"，该选项为复选框，可以同时选择。其中粗糙面不会在模型中表现出来，仅在属性和图纸中表达。

（2）设置左右侧面倒角：当勾选"设置左右侧面倒角"时，可手动输入倒角尺寸。三明治预制外墙的左右侧倒角只能在内侧生成，无保温外墙和预制剪力内墙的倒角在左右侧和内外侧全部可以生成。

（3）保温层封边部位：当选择"夹心保温"时，用户可以设置保温层的封边，可以分别对"上""下""左右"进行封边设置。当勾选设置保温层封边时，可以对"封边宽度"进行设置，该参数仅对"夹心保温"外墙生效。

（4）外叶板企口：对外叶板企口进行设置，可以分别勾选"上企口"和"下企口"，当勾选其中一个时，外叶板只设置勾选的企口。该参数仅对"夹心保温"外墙生效。

（5）设置外墙翻边：当墙类型为"夹心保温"时，无论翻边参数如何设置均不生效。当墙类型为"无保温"且翻边参数设置为"左（上）侧设置"或"右（下）侧设置"时，在墙外侧生成翻边。当墙类型为"预制剪力内墙"时，按照翻边设置生成翻边（图8-26）。

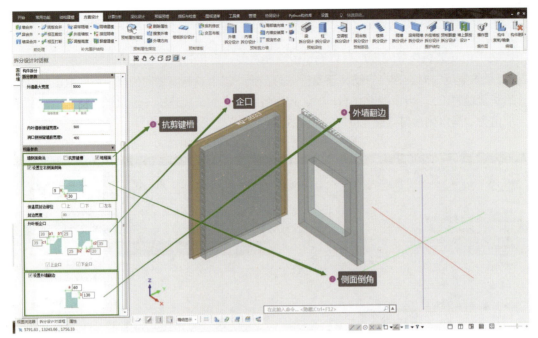

图 8-26 外墙翻边

4)连续绘制 PCF 墙

单击图标 ⋏，激活"连续绘制 PCF 墙"命令，在弹出的"PCF 墙设置"对话框中调好参数后，在操作窗口的平面内连续单击生成 PCF 墙。

5)阳角 PCF 墙补充

单击图标 ⊔，激活"阳角 PCF 补充"命令，在弹出对话框中调整参数，选择需要调整的阳角节点。

(1)接缝尺寸：当勾选"厚度同 PCF 墙控制参数"复选框时，本命令补充的 PCF 墙外叶墙和保温层厚度同"连续绘制 PCF 墙"，同时本页面上参数置灰，显示关联的参数值，且不可修改；

"外页墙厚度"控制 PCF 墙外页墙厚度，支持手动录入；"保温层厚度"控制 PCF 墙保温层厚度，支持用户手动录入。

"外叶墙企口"输入框见图 8-26，其中 c1 表示与所选现浇节点关联的外叶墙板相对现浇节点边缩进的距离；c2 表示补充的 PCF 墙外叶墙相对现浇节点边的缩进距离。

"PCF 端保温外伸"为补充的 PCF 端保温层相对外页板的尺寸，外伸为正，内缩为负。

"墙端保温延伸"为处理的预制剪力墙端保温层相对外页板的尺寸，外伸为正，内缩为负。

(2)PCF 墙高：当勾选"高度同 PCF 墙布置参数"复选框时，本命令补充的 PCF 墙高参数同"连续绘制 PCF 墙"参数，同时本页面上参数置灰，显示关联的参数值，且不可修改。

"PCF 墙高"参数提供了"关联层高"选项；选择"参数"项时，通过"PCF 墙外页顶部偏移 h1"和"PCF 墙外页底部偏移 h2"控制外页墙高，外页墙高 = 层高 $-h_1-h_2$；"保温高度"通过"相对外页顶部偏移 h3"和"相对外页底部偏移 h4"控制，保温层高 =

外页墙高 -h3-h4。

（3）外页构造：当勾选"企口同 PCF 墙布置参数"复选框时，本命令补充的 PCF 墙企口参数同"连续绘制 PCF 墙"参数，同时本页面上参数置灰，显示关联的参数值但不可修改。

6）节点处外叶和保温调整

单击图标 ，激活"节点处外叶和保温调整"命令，在弹出对话框中调整参数，选择需要调整的阳角/阴角节点。

（1）阳角节点：提供"水平避让竖直""竖直避让水平""参考节点边"和"不处理"四种方式。

① 水平避让竖直：竖直墙外叶墙延伸到水平墙外叶墙外表面，通过控制水平墙外叶墙端部到竖直墙外叶墙内侧间距 f1、竖直墙保温到水平墙外叶墙内表面的间距 f2，以及水平墙保温端部到竖直墙保温内侧间距生成阳角节点。

② 竖直避让水平：水平墙外叶墙延伸到竖直墙外叶墙外表面，通过控制竖直墙外叶墙端部到水平墙外叶墙内侧间距 f1、水平墙保温到竖直墙外叶墙内表面的间距 f2，以及竖直墙保温端部到水平墙保温内侧间距生成阳角节点。

③ 参考节点边：通过控制竖直墙外叶墙和保温端部到阳角水平边的距离 w1、b1，以及水平墙外叶墙和保温层端部到阳角竖直边距离 w2、b2，调整与阳角相关联的预制剪力墙。

（2）阴角节点：提供"水平避让竖直""竖直避让水平""参考节点边"和"不处理"四种方式。

① 水平避让竖直：通过控制水平墙外叶墙端部到竖直墙外叶墙外表面距离 f1、竖直墙外叶墙延伸到水平墙保温层外表面距离 f2、水平墙保温层端部到竖直墙保温层外侧间距 f3、竖直墙保温到水平墙内叶墙外表面间距 f4 调整阴角节点处尺寸。

② 竖直避让水平：通过控制竖直墙外叶墙端部到水平墙外叶墙外表面距离 f1、水平墙外叶墙延伸到竖直墙保温层外表面距离 f2、竖直墙保温层端部到水平墙保温层外侧间距 f3、水平墙保温到竖直墙内叶墙外表面间距 f4 调整阴角节点处尺寸。

③ 参考节点边：通过控制竖直墙外叶墙和保温端部到阴角水平边的距离 w1、b1 以及水平墙外叶墙和保温层端部到阳角竖直边距离 w2、b2，调整与阴角相关联的预制剪力墙。

8.3.2 墙配筋设计

预制墙完成拆分设计后，即可使用"墙配筋设计"命令设计其内部的三维钢筋。单击"墙配筋设计"功能按钮，弹出"墙配筋设计"对话框。设置参数后，框选拆分过的预制构件进行构件的配筋（图 8-27）。

1. 基本参数

（1）墙连接纵筋定位

提供"按保护层厚度 a"和"按纵筋位置 b"两种方式。手动输入"按保护层厚度 a"定位参数，程序将按照输入的保护层厚度，计算墙纵筋定位，保护层从套筒最外侧钢筋算起。

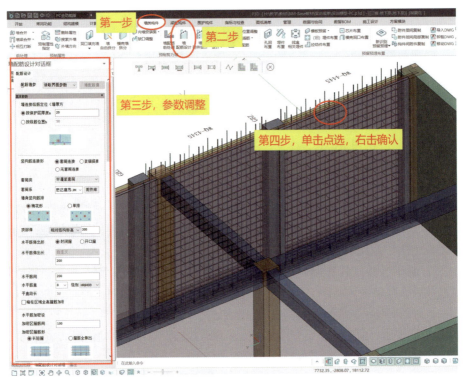

图 8-27 墙配筋设计

手动输入"按纵筋位置 b"定位参数，程序将按照输入的值确定墙纵筋定位，纵筋定位由纵筋中心到混凝土边距离确定（图 8-28）。

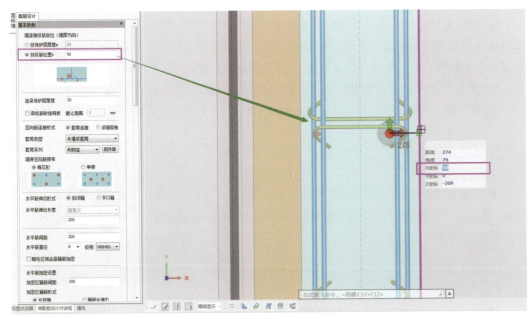

图 8-28 墙连接纵筋定位

（2）连梁保护层厚度

修改该参数，可以控制连梁纵筋的位置，保护层从连梁纵筋边算起。

（3）梁纵筋收拢弯折

当勾选"梁纵筋收拢弯折"后，墙梁纵筋会弯折并深入暗柱纵筋内侧，弯折距离由"避让距离"参数控制。"避让距离"为墙梁弯折后钢筋与墙柱纵筋之间的净距离（图8-29）。

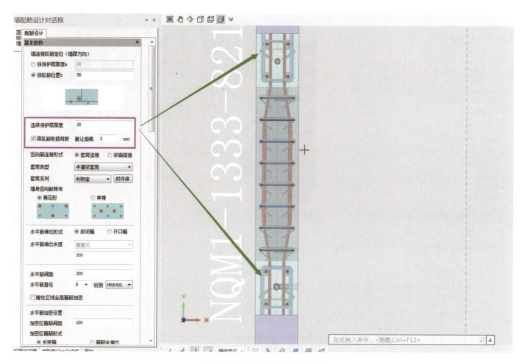

图8-29　梁纵筋收拢弯折

（4）竖向筋连接形式

可以选择"套筒连接"与"浆锚搭接"两种连接方式。当选择"套筒连接"时，可以选择"全灌浆套筒"与"半灌浆套筒"两种形式的连接。当选择"浆锚搭接"时，可以选择"约束锚固"与"非约束锚固"两种形式的连接。

（5）墙身竖向筋排布

可以选择"梅花形"与"单排"两种形式的连接。

（6）连接端

可以选择"单侧连接"与"双侧连接"两种形式的连接（图8-30）。

（7）水平筋伸出形式

可以选择"封闭箍"与"开口箍"两种形式。

（8）水平筋伸出长度

可以选择"自定义"与"自动计算"两种方式来输入水平筋伸出长度。

（9）水平筋间距、水平筋直径和水平筋钢筋强度

可以输入水平筋间距、水平筋直径，选择水平筋钢筋级别。

（10）暗柱区域全高箍筋加密

当勾选此项时，可以对暗柱区域的箍筋进行全高加密设置（图8-31）。

图 8-30 连接端

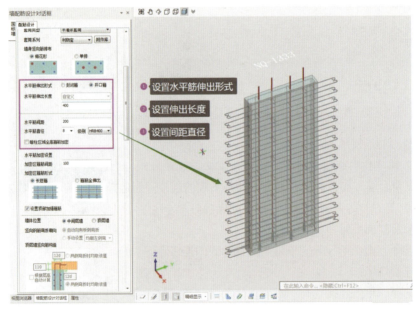

图 8-31 暗柱区域全高箍筋加密

(11) 加密区箍筋间距

可以对箍筋加密区间距进行设置。

(12) 加密区箍筋形式

可以选择"长短箍"与"箍筋全伸出"两种形式。

(13) 设置顶部加强箍筋

当勾选此项时,软件对预制墙顶部进行加强箍筋的设置(图 8-32)。

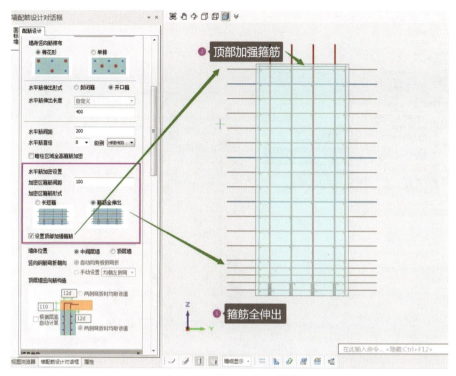

图 8-32 设置顶部加强箍筋

(14) 墙体位置

可以设置"中间层墙"和"顶层墙"两种类型,当选择"顶层墙"时,竖向筋弯折参数生效。

(15) 竖向钢筋弯折朝向

可以选择"自动向有板侧弯折"与"手动设置"两种形式。当选择"自动向有板侧弯折"时,墙竖向钢筋将弯折向楼板所在方向;当选择"手动设置"时,可以选择"均朝左侧弯折""均朝右侧弯折""两侧弯折"三种弯折形式。

(16) 顶层墙竖向筋构造

"钢筋伸出高度"有"手动输入"和"根据层高自动计算"两种方式输入;"钢筋弯折长度"可以对内外钢筋分别进行设置(图 8-33)。

2. 墙身参数

(1) 竖向钢筋间距 a

可以输入竖向钢筋的间距值。

(2) ①号竖向连接钢筋直径、钢筋级别、②号竖向分布钢筋直径

可以输入①号竖向连接钢筋直径、钢筋强度和②号竖向分布钢筋直径。

(3) 设置封边钢筋

当勾选此项时,可以设置封边钢筋直径,程序会对预制墙板的墙身部分增加封边钢筋。

(4) 拉筋做法

可以选择"梅花形"和"矩形"两种做法,当选择"矩形"时,可以设置"拉筋最大间距"(图 8-34)。

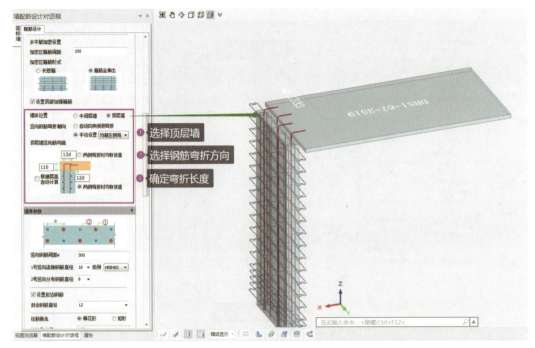

图 8-33 顶层墙竖向筋构造

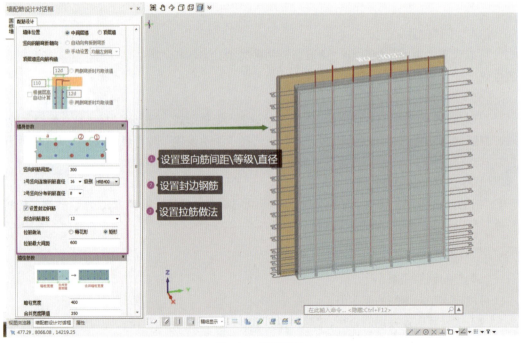

图 8-34 拉筋做法

3. 墙柱参数

（1）暗柱宽度、合并宽度限值

可以输入"暗柱宽度"和"合并宽度限值"，程序将根据输入的值来确定洞口边暗柱区域的纵筋配筋形式。以 1000mm 长的洞口边墙柱为例，当"暗柱宽度"设置为 400mm，

"合并宽度限值"设置为350mm时,(400+350)mm<1000mm,此时墙柱会在400mm范围内按照暗柱配筋,剩余600mm范围内按照墙身进行配筋。当将"合并宽度限值"增加到650mm时,(400+650)mm>1000mm,则1000mm长的墙柱会按照暗柱进行配筋。

(2)竖向钢筋最大间距

可以输入竖向钢筋的最大间距,暗柱范围内的纵筋排布不会超过此值。

(3)竖向连接钢筋直径

可以输入竖向连接钢筋的直径。

(4)设置封边钢筋

当勾选此项时,可以设置封边钢筋直径,程序会对预制墙板的暗柱部分增加封边钢筋。

4. 连梁参数

(1)水平筋最大间距

可以输入"水平筋最大间距",程序根据输入的值确定腰筋和底筋之间的竖向间距。

(2)箍筋、腰筋

可以输入箍筋和腰筋的钢筋等级、直径和间距。

(3)底筋排数

可以输入"底筋排数",当输入值为"1"时,单击右侧"第1排"按钮,可以在下侧输入第1排底筋的钢筋强度、根数和直径。同理当输入值为"2"时,可以对"第1排"与"第2排"进行编辑。

(4)自动设计锚固方式

当勾选此项时,程序将自动进行连梁锚固方式的设计。当不勾选此项时,可手动选择底筋左右侧与腰筋左右侧的锚固方式,锚固方式包括直锚、直角弯头和锚固板三种(图8-35)。

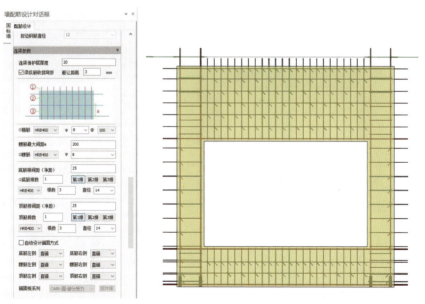

图 8-35 自动设计锚固方式

(5)上下连梁局部钢筋调整

若想对上下连梁分别进行钢筋调整,回到主视图选择墙构件,在左侧属性栏底部"钢筋参数"中选择"上连梁1"或者"下连梁1"(图8-36),可对分别连梁的顶筋、底筋、腰筋、箍筋和拉筋参数进行修改,调整完参数后单击"修改",即可完成连梁钢筋调整(图8-37)。

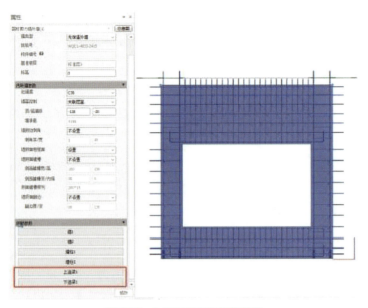

图 8-36　上下连梁局部钢筋调整

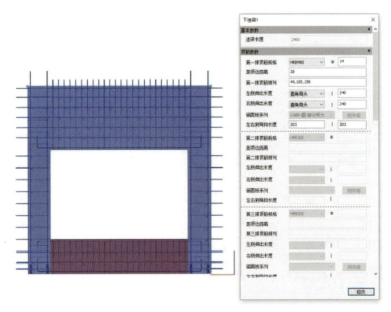

图 8-37　连梁钢筋调整

5. 外叶板配筋参数

当勾选"外叶板是否配筋"时,可以对外叶板的竖向筋和水平筋的钢筋强度、直径、间距进行设置,程序将根据设置的参数对选择的外墙板进行外叶板配筋(图8-38)。

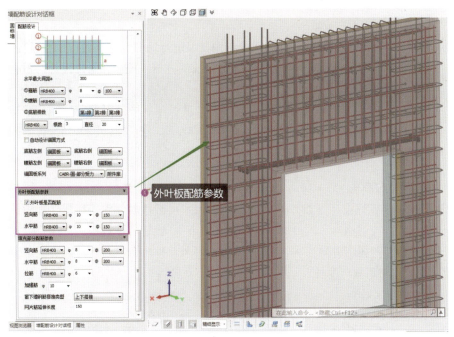

图 8-38　外叶板是否配筋

6. 填充部分配筋参数

（1）竖向筋、水平筋

可以设置填充部分墙体的竖向筋、水平筋配筋参数，包括钢筋强度等级、直径和间距。

（2）拉筋

可以设置填充部分墙体的拉筋配筋参数，包括钢筋强度等级、直径。

（3）加强筋

可以设置填充部分墙体的加强筋直径。

（4）窗下墙钢筋搭接类型

可以设置窗下墙钢筋搭接类型，包括"上下搭接"和"左右搭接"两种（图 8-39）。

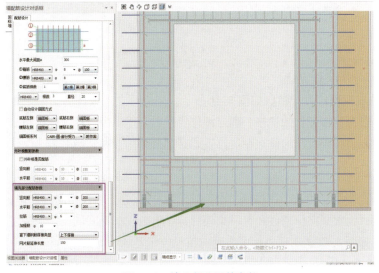

图 8-39　填充部分配筋参数

8.3.3 墙附件设计

完成预制构件配筋后，用户可框选或单选预制墙进行埋件设计，包含吊装埋件、脱模/斜撑埋件及拉模件。可通过勾选/取消勾选参数栏前的方框，控制在附件设计时是否设计该类附件。

若不勾选该类附件，则相关参数置灰且折叠，进行预制构件附件设计后，该类附件状态不改变（保持原有状态——不布置，或不改变已存在同功能附件）；若勾选该类附件，则可以单独设计该功能附件，并影响其他相关的附件。

1. 吊装埋件参数

预制墙的吊装埋件设计参数如图 8-40 所示。用户可链接附件库选择埋件规格（附件库内规格可自定义，详情请参考附件库管理的相关章节）。确定埋件规格后，用户可选择埋件排布方式（以模型俯视图方向为准），输入埋件边距及埋件个数进行设计。边距定位方式有"百分比"和"绝对距离"两种。

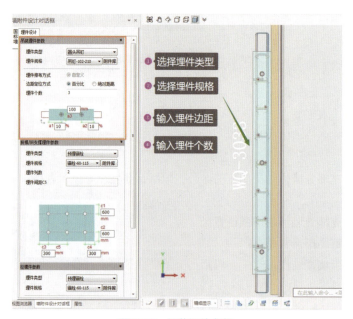

图 8-40　吊装埋件参数

2. 脱模/斜撑埋件参数

预制墙的脱模埋件设计参数如图 8-41 所示。用户可自选埋件的类型，并链接附件库分别选择脱模埋件与斜撑埋件的规格。确定埋件规格后，用户可选择埋件排布方向，输入埋件间距及埋件列数进行设计。埋件边距定位方式有"百分比"和"绝对距离"两种。

3. 拉模件参数

确定拉模件类型（可选预埋锚栓、通孔或预埋 PVC 管）并链接附件库选择埋件规格后，用户可选择是否设置竖向拉模件和水平拉模件，并单击"布置区域设置"按钮交互指定拉模件设计区域，如图 8-42 所示棕色标记为竖向拉模件布置区域。

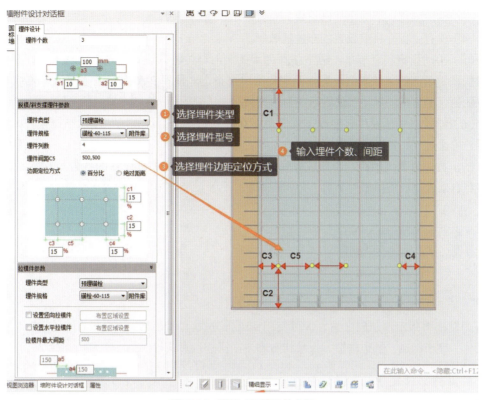

图 8-41　脱模 / 斜支撑埋件参数

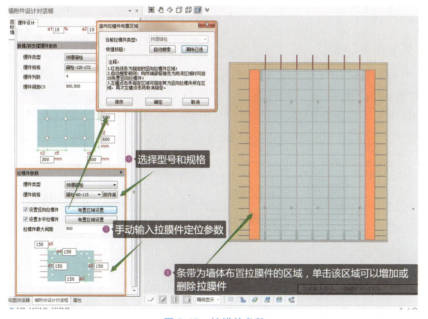

图 8-42　拉模件参数

（1）设置竖向拉模件：根据工程需要可在此处选择是否设置墙竖向拉模件。需设置时，可通过单击"布置区域设置"按钮进入布置区域选择界面。

（2）自动搜索：根据对话框注释所写规则搜索。

（3）清除已选：清除全部已设置的布置区域，重新布置。

（4）保存：保存目前设置的布置区域。

（5）手动指定：直接单击模型中预制墙的侧面即可将其设置为布置区域（预埋螺栓的布置区域为单侧的，如两侧设置则两侧均需单击指定。预埋PVC管和预留通孔的布置区域为双侧的，单击任一侧则双侧均指定为布置区域）。

（6）设置水平拉模件：根据工程需要可在此处选择是否设置墙顶部水平拉模件。需设置时，可通过"布置区域设置"按钮进入布置区域选择界面。

（7）拉模件最大间距：布置区域确定后，用户可设置拉模件设计的各边距及最大间距，程序将自动计算所需拉模件个数，等间距布置。

8.4 梁柱构件应用

8.4.1 梁拆分

为结构梁指定预制属性后，即可使用"梁拆分设计"功能设计预制梁的外形，包括基本尺寸、键槽构造、翻边构造、挑耳构造和主次梁连接形式等。

1. 混凝土强度等级

混凝土强度等级一般按结构施工图要求设置即可，默认选择"同主体结构"，即同结构建模时设置的结构构件混凝土强度。若当初期建模时设置有误，可直接在此处调整预制构件的混凝土强度。

2. 预制梁截面类型

"矩形截面"中 h1 为现浇高度，e1 为板底到矩形截面顶的接缝高度。勾选"自适应板厚"时，程序将根据梁上最厚的板自动计算 h1（图 8-43）。

"凹口截面"各参数含义同"矩形截面"，但需注意，h1 不含凹口深度（图 8-44）。

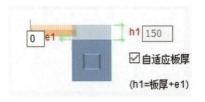
图 8-43 矩形截面

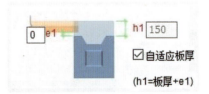
图 8-44 凹口截面

3. 梁端键槽

（1）设置梁端键槽：需要设置梁端键槽时，勾选"设置梁端键槽"，则键槽具体尺寸和排布参数生效。无需设置梁端键槽时，取消勾选"设置梁端键槽"即可。

（2）非贯通键槽：勾选"非贯通键槽"时，键槽水平向不通长。勾选"贯通键槽"时键槽水平向通长（图 8-45）。

（3）键槽个数：当键槽个数≥2 时，可以在示意图参数中设置键槽间距。

图 8-45 贯通键槽

（4）设置翻边：当需要设置梁侧面翻边时，勾选"设置翻边"并选择翻边所在侧即可。无需设置梁侧面翻边时，取消勾选"设置翻边"即可。

（5）翻边设计方式：按需选择左右侧即可，左右根据预制梁局部坐标系（绿色和红色箭头）和梁上文字（DHL-3452）划分，如图 8-46 所示。当希望翻边通顶时，直接勾选"至现浇层顶"即可。

图 8-46 翻边

4. 挑耳

需要设计梁挑耳时，可直接根据需要勾选"左侧挑耳"或"右侧挑耳"（可同时勾选），左右侧的判别与翻边相同。

5. 主次梁搭接参数

设计预制梁外形时，可以预设好主次梁搭接形式参数，此时拆分出的梁外形将自动满足相关要求。如拆分时没有关注此参数，也可通过"主次梁连接"工具后期修改。

（1）主梁预留凹槽

根据次梁高度确定主梁上凹槽的深度，如果次梁底高于主梁，则主梁混凝土在二者搭接处会有部分联通。

（2）主梁后浇带

与"主梁预留凹槽"类似，但无论次梁高度如何，主次梁节点处的主梁混凝土都会完全断开，形成后浇带。

（3）主次梁连接处键槽

当搭接形式选为"主梁预留凹槽"或"主梁后浇带"时，可在主梁混凝土断面处设置键槽，增强节点处的抗剪能力。具体参数含义与梁端键槽相同，当勾选"参数同梁端"时，将按梁端键槽参数设计此处键槽（常用做法）。

（4）凹槽处腰筋处理

当搭接形式选为"主梁预留凹槽"或"主梁后浇带"时，考虑到施工便利性，非抗扭腰筋可能被截断，此时选择"腰筋截断"即可，反之，选择"腰筋拉通"。

（5）牛担板搭接

针对不同梁所需的牛担板/钢垫板规格可能不同，此时可通过"附件库"按钮链接到附件库补充、调整附件规格。规格增加后，可通过"牛担板规格"或"钢垫板规格"的下拉框直接选用。

（6）不处理

忽略主次梁搭接对于主、次梁构造形式的影响，分别按独立的梁设计。

8.4.2 柱拆分

为结构柱指定预制属性后，即可使用"柱拆分设计"功能设计预制柱的外形，包括基本尺寸和柱顶、柱底键槽构造。

1. 混凝土强度等级

混凝土强度等级一般按结构施工图要求设置即可，默认选择"同主体结构"，即同结构建模时设置的结构构件混凝土强度。若初期建模时设置有误，可直接在此处调整预制构件的混凝土强度。

2. 预制柱高度

h1 为现浇高度，e1 为梁底到预制柱顶的接缝高度，e2 为柱底到下层楼面的接缝高度。勾选"自适应梁高"时，程序将根据柱上最高的梁自动计算 h1（图 8-47）。

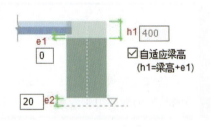

图 8-47 预制柱高度

3. 柱底键槽

需要设置柱底键槽时，勾选"设置柱底键槽"，则键槽具体尺寸和排布参数生效。无需设置柱底键槽时，取消勾选"设置柱底键槽"即可。

（1）键槽个数：当键槽个数≥2时，可以设置矩形键槽间距，井字形键槽仅支持键槽个数为 1。

（2）键槽排布方向：当键槽形状为矩形，且键槽个数≥2时，本参数生效；沿长边排布含义为将键槽沿柱长边方向竖向排列，沿短边排布含义类似；勾选"居中布置"，则程序默认居中布置键槽，若取消勾选，则所有键槽边至柱混凝土边距离参数开放，可自由调整

（图 8-48）。

（3）键槽排气孔高度：柱底键槽的排气孔高度参数，出图时显示排气孔定位（图 8-49）。

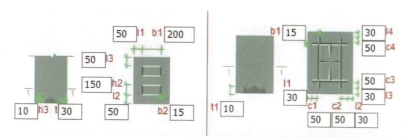

图 8-48　柱底键槽

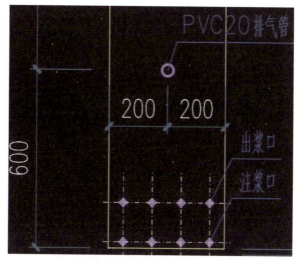

图 8-49　键槽排气孔高度

4. 柱顶键槽

需要设置柱顶键槽时，勾选"设置柱顶键槽"，则键槽具体尺寸和排布参数生效。无需设置柱顶键槽时，取消勾选"设置柱底键槽"即可。

"键槽形状"支持矩形键槽；"键槽个数"：个数默认为 1，无法修改；"键槽排布方向"：当键槽形状为矩形，仅支持键槽个数为 1；"居中布置"：勾选该参数，则程序默认居中布置键槽，若取消勾选，则所有键槽边至柱混凝土边距离参数开放，可自由调整。

8.4.3　梁柱配筋设计

梁柱的配筋设计与板、墙类似，且在"4.10 结构钢筋绘制方法"中已经提到相应的方法，此处不再赘述。

8.4.4　梁附件设计

在预制梁拆分、配筋后，可使用"梁附件设计"工具设计其上的吊件和拉模件。可通过勾选/取消勾选参数栏前的方框，控制在附件设计时是否设计该类附件。若不勾选该类附件，则相关参数置灰且折叠，进行预制构件附件设计后，该类附件状态不改变（保持原有状态——不布置，或不改变已存在同功能附件）；若勾选该类附件，则可以单独重新设计该功能附件，且影响其他功能的附件。

1. 吊装/脱模件参数

梁上吊件兼做脱模时的脱模件，故吊装、脱膜件参数合一。

（1）埋件类型：目前支持吊钉、预埋锚栓（吊母）和两类吊钩，可通过下拉列表直接选择。

（2）埋件规格：选择某一埋件类型后，此处下拉框将显示其规格，直接选用即可。如需增加、改变规格可直接单击右侧的"附件库"按钮，跳转至附件库页面操作。

（3）埋件排布方式：当选"自定义"时，可直接在下方参数框中输入埋件个数和对应的边距定位值，程序将在保证边距的前提下尽量均匀布置埋件；当选为"自动排布"时，程序将按常用的边距等于20%梁长规则确定边距，其后均匀排布埋件至满足短暂工况验算，最终的埋件排布将考虑边距、间距的取整。

（4）边距定位方式：当"埋件排布方式"选为"自定义"时，此处可选"百分比"或"距离"。选择"百分比"时，输入的边距为梁长的百分比，最终边距和间距均会考虑取整。选择"距离"时，程序将完全按照用户输入的值（以mm为单位）设置边距，间距会考虑取整。

2. 拉模件参数

（1）埋件类型：目前支持预埋锚栓（拉模套筒）、预埋PVC管和预留通孔，可通过下拉列表直接选择。

（2）埋件规格/通孔直径：选择"预埋锚栓"或"预埋PVC管"后，此处下拉框将显示其规格，直接选用即可。如需增、改规格可直接单击右侧的"附件库"按钮，跳转至附件库页面操作。选择"预留通孔"后，此处直接输入孔径即可。

（3）设置竖向拉模件：根据工程需要可在此处选择是否设置梁端竖向拉模件。需设置时，可通过"布置区域设置"按钮进入布置区域选择界面。

（4）自动搜索：根据对话框注释所写规则搜索。

（5）清除已选：清除全部已设置的布置区域，重做。

（6）保存：保存目前设置的布置区域。

（7）手动指定：直接单击模型中预制梁端头的侧面即可将其设置为布置区域（预埋螺栓的布置区域为单侧的，如两侧设置则两侧均需单击指定。预埋PVC管和预留通孔的布置区域为双侧的，单击任一侧则双侧均指定为布置区域）。

（8）设置水平拉模件：根据工程需要可在此处选择是否设置梁顶部水平拉模件。需设置时，可通过"布置区域设置"按钮进入布置区域选择界面。"拉模件最大间距"根据所输入的边距和最大间距，程序将尽可能在布置区域内均分布置拉模件，确保拉模件间距不超过所输入的最大值。

8.4.5 柱附件设计

完成预制构件配筋后，用户可框选或单选预制柱进行埋件设计，包含吊装埋件、脱模/

斜撑埋件及拉模件。可通过勾选／取消勾选参数栏前的方框，控制在附件设计时是否设计该类附件。

若不勾选该类附件，则相关参数置灰且折叠，进行预制构件附件设计后，该类附件状态不改变（保持原有状态——不布置，或不改变已存在同功能附件）；若勾选该类附件，则可以单独重新设计该功能附件，且影响其他功能的附件。

1. 吊装埋件参数

柱上吊装埋件设置在预制柱顶部。

（1）埋件类型：目前支持圆头吊钉、弯吊钩、预埋锚栓，可通过下拉列表直接选择。

（2）埋件规格：选择某一埋件类型后，此处下拉框将显示其规格，直接选用即可。如需增、改规格可直接单击右侧的"附件库"按钮，跳转至附件库页面操作。

（3）埋件排布：可选择"沿X向"或"沿Y向"布置，也可组合选择X/Y方向上布置埋件，可参考示意图设置埋件排布方式。

（4）居中设置：当勾选"居中设置"时，同方向上布置的埋件沿X/Y居中布置。

（5）埋件排布规则：可分别勾选"沿X向""沿Y向"，设置两个方向上附件；在X、Y方向可设置 $m \times n$ 形成阵列排布，m 为组数，n 为每组的个数（图8-50）。

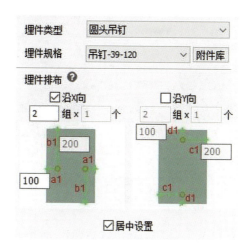

图8-50　埋件排布规则

图8-51展示了常见柱吊件排布形式与X/Y向参数设置。

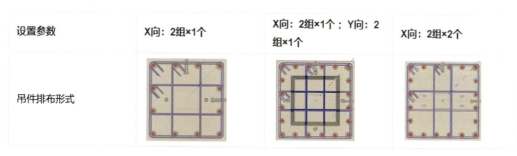

8-51　柱吊件排布形式

2. 脱模/斜撑埋件参数

柱上斜撑埋件兼做脱模时的脱模件，二者在同一面时，可将脱模埋件设置为斜撑埋件。

（1）脱模脱模类型：目前支持圆头吊钉、预埋锚栓，可通过下拉列表直接选择。

（2）脱模埋件规格：选择某一埋件类型后，此处下拉框将显示其规格，直接选用即可。如需增、改规格可直接单击右侧的"附件库"按钮，跳转至附件库页面操作。

（3）斜撑脱模类型：目前仅支持预埋锚栓。

（4）斜撑埋件规格：选择某一埋件类型后，此处下拉框将显示其规格，直接选用即可。如需增、改规格可直接点击右侧的"附件库"按钮，跳转至附件库页面操作。

（5）边距定位方式：选择"百分比"时，输入的边距为柱长的百分比，最终边距和间距均会考虑取整。选择"距离"时，程序将完全按照用户输入的值（以 mm 为单位）设置边距，间距会考虑取整。

（6）脱模埋件排布：可输入行列数，根据边距定位值排布脱模埋件。

（7）埋件所在面设置：根据工程需要可在此处交互指定柱子哪个侧面用于脱模，哪个侧面布置斜撑。指定后的埋件面会有文字标识（图 8-52），完成埋件设计后即时生效。

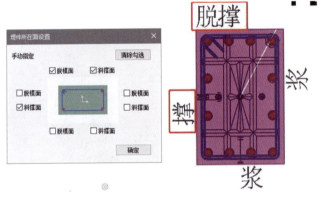

图 8-52　埋件所在面设置

3. 拉模件参数

（1）拉模件类型：目前支持预埋锚栓、预埋 PVC 管、预留通孔，可通过下拉列表直接选择。

（2）埋件规格：选择某一埋件类型后，此处下拉框将显示其规格，直接选用即可。如需增、改规格可直接单击右侧的"附件库"按钮，跳转至附件库页面操作。

（3）设置水平拉模件：根据工程需要可在此处选择是否设置柱端水平拉模件。需设置时，可通过"布置区域设置"按钮进入布置区域选择界面。

8.5　预留预埋

8.5.1　孔洞布置

完成预制构件初步设计后，即可使用"孔洞布置"功能进行预留孔洞的布置及钢筋处理。红框区域用于布置洞口参数，蓝框区域用于处理洞口钢筋参数。

1. 洞口布置参数——预制板

（1）构件类型：支持在预制板、叠合梁、预制墙、悬挑板（阳台板、空调板）上布置孔洞，切换预制构件类型，其他参数会随之切换；目前仅支持对预制板上洞口钢筋进行处理。

（2）布置模式：支持"衬图模式"和"自由布置"两种方式，当有机电底图时，建议使用衬图布置模式，根据底图绘制预留洞口；自由布置模式需要确定洞口尺寸后，布置在预制板上。

（3）洞口类型：支持矩形及圆形洞口，当切换洞口类型时，洞口尺寸表格中的参数随之切换。

（4）洞口定位边界：自由布置时可选择洞口定位边界为结构板边还是预制板边。

（5）定位模数：可下拉选择1、5、10，也可自由输入正整数，自由布置洞口时，将按照此模数布置洞口位置。

（6）洞边混凝土最小值：当洞口位于板边时，若与板边距离小于该值，则洞口边到预制板边的混凝土条被剪切，洞口将扩大。

（7）洞口尺寸：该表格可管理当前层的洞口尺寸和数量，当洞口类型为矩形时，尺寸需输入洞口长度和洞口宽度；当洞口类型为圆形时，尺寸需输入洞口直径，尺寸单位为mm。

2. 洞口钢筋处理参数

1）在预制板上布置洞口时，可设置洞口钢筋处理参数，直接处理洞口钢筋。

（1）洞口临界尺寸：预制板上洞口钢筋处理分为两种方式，常以洞口临界尺寸作为分界线，区分大洞与小洞，以300mm为大小洞的临界尺寸，用户可根据实际情况自行输入该参数。

（2）小洞处理方式：小洞处理方式可选钢筋避让或钢筋拉通，钢筋避让做法参考国标图集16G101-1中相关条文。

（3）大洞处理方式：可选钢筋拉通、钢筋截断、仅截断桁架但底筋拉通，钢筋截断可设置补强钢筋，补强做法参考《混凝土结构构造手册（第5版）》2.7节中相关条文。

（4）大洞钢筋补强设置：勾选后可设置水平补强筋，圆洞设置环向补强筋；当选不勾选时，仅对大洞处的钢筋截断，不增加补强钢筋。

（5）设置水平补强钢筋：勾选后，程序将自动按照《混凝土结构构造手册》2.7节中相关条文计算补强钢筋搭接长度。用户可手动调整补强钢筋等级、钢筋直径，设置受力钢筋是否伸入支座。

（6）圆洞设置环向补强钢筋：勾选后，可设置环向补强筋（布置圆洞时），可手动调整环向补强钢筋等级、钢筋直径。

2）当构件类型选择叠合梁、预制墙、悬挑板（阳台板、空调板）时，可在这些构件上布置孔洞，界面参数与预制板不同。

（1）洞口形状：支持矩形及圆形洞口，当切换洞口类型时，洞口尺寸表格中的参数随之切换。

（2）精确定位：当确定洞口位置时，可使用精确定位功能，输入以各预制构件局部坐标系为原点的定位坐标，单击预制构件，即可生成洞口；当参照CAD底图或交互布置洞口时，可关闭"精确定位"功能，相应的洞口定位参数置灰，此时可在模型中自由布置洞口。

（3）交互布置：当关闭"精确定位"功能时，在对话框中输入洞口尺寸，可捕捉CAD

底图中的洞口边界点，以方洞和圆洞的中心点确定洞口位置。

（4）洞口定位：洞口定位参数与预制构件类型相关，以预制构件局部坐标系为基准，以方洞和圆洞的中心点为定位基点。

8.5.2 附件布置

"附件布置"功能支持在预制墙、预制板、空调板、阳台板上布置直吊钩、止水节、钢套管等板上常用预埋件。该功能可选用附件规格，设置布置参数，将附件布置在合适的位置上。本功能属于通用埋件布置功能。

1. 附件选用

板上附件类型分为水暖电功能件、支模吊装件。可选择所布置的附件作用类型，然后在"附件选用"界面选择具体的附件类型和名称。若选择的附件类型为接线盒，则"附件选用"界面会增加"线盒附件布置"区域，在该区域可设置线盒相关的杯梳和手孔名称（图8-53）。

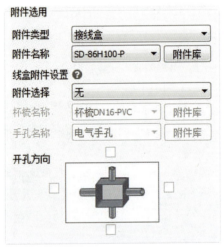

图 8-53　线盒附件选用

2. 布置参数

（1）定位边界：可选择以结构板四边为定位基准线，或者以预制板四边为定位基准线。

（2）定位模数：可设置布置模数，使得附件在板上的定位值符合该模数；可下拉选择模数 1、5、10，或直接输入模数值。

（3）布置数量：可选择单个布置，或一次布置多个附件，当选择多个布置时，可阵列布置多个附件，X/Y 方向布置间距将开放。

（4）X 向布置间距：可输入附件阵列布置时沿 X 方向的间距值，间距值之间用逗号隔开（例如 150, 150, 200）；若附件等间距排布，可以使用表示乘号（例如 150×3）。若只沿一个方向布置附件，则另一个方向参数栏中可输入 0 或空白。

（5）Y 向布置间距：可输入附件阵列布置时沿 Y 方向的间距值，输入规则与 X 向一致。

（6）附件朝向：可设置附件吸附于预制构件的面，对于预制板，预埋件可放置于其顶面或底面。

(7)偏移距离:附件相对于其吸附面的偏移值。
(8)布置角度:附件在吸附面上的旋转角度,以吸附面的正右方为0°,逆时针为正方向。
(9)镜像布置:若勾选则可以沿X向或Y向镜像对称布置附件。

8.5.3 线盒相关埋件

线盒相关埋件可针对墙上的埋件连接线管进行设置(图8-54)。

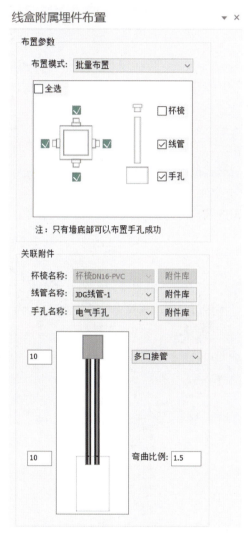

图8-54 线盒相关埋件

8.6 施工设计

施工设计包括墙支撑体系、构件吊装、标准库和碰撞检查四个部分,可用于生成斜支撑、斜支撑层间复制、生成斜支撑平面布置图、碰撞检查、塔吊和汽车吊的选型与布置、吊装方案设计和支撑库、起重设备库的管理。

8.6.1 墙支撑体系

1. 支撑布置

单击"施工设计"选项卡中的"支撑布置"功能按钮，调整布置参数后，单击所需布置的墙板即可完成墙板斜支撑布置。

"支撑布置"有"按墙已有埋件生成"和"自定义"两个选项。选择"按墙已有埋件生成"，自动识别预制墙已生成的脱模/斜支撑埋件，单击预制墙可自动生成斜支撑。选择"自定义"布置斜支撑时，光标放置在预制墙、结构墙上，会出现动态尺寸标注，自由布置斜支撑。

2. 支撑生成埋件

单击"支撑生成埋件"功能按钮，可在模型中已经布置的斜支撑、定位件位置生成固定用的埋件。"斜支撑生成埋件"操作区有"墙埋件类型""墙埋件规格""板埋件类型""板埋件规格"等参数，可以对在斜支撑位置生成的埋件进行选型。

"墙定位件生成埋件"操作区有"墙埋件类型""墙埋件规格""板埋件类型""板埋件规格""板埋件与墙表面距离"以及"墙定位件压槽"等参数，可以对在墙定位件位置生成的埋件进行选型，支持设置墙定位件压槽参数。

当布置的斜支撑、墙定位件与结构构件或预制构件表面存在一定距离时，可设置"吸附范围"参数，在此范围内的结构构件和预制构件表面会按设置的参数生成埋件。

8.6.2 支撑库

当无法生成支撑构件时，用户可查看支撑库中的支撑参数是否满足要求，如不满足要求可自行在支撑库中创建。用户可使用"支撑库"功能对程序内的所有斜支撑、墙定位件进行查看和管理，单击"支撑库"，弹出"支撑库"界面如图 8-55 所示。下图红框区域显示支撑类型，绿框区域为管理功能，蓝框区域为显示支撑信息列表。

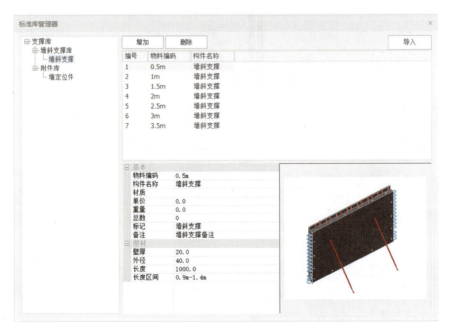

图 8-55　支撑库

当需要查看不同支撑类型的参数时，可在上图红框中单击需要查看的支撑类型。当需要删除或增加支撑规格时，可以在绿框区域使用"增加""删除"功能。单击"增加"按钮，可在列表中增加一种支撑规格，默认增加物料编码为 1m。选择一种支撑规格，单击"删除"按钮，可在列表中删除此种支撑规格信息。"导入"可以进行支撑信息的导入，支持".sclib"格式。用户可以在蓝框区域查看支撑信息，包含构件名称、材质、几何参数等。

8.6.3 碰撞检查

"碰撞检查"功能用于检查不同支撑、预埋件间的碰撞问题。在所弹出"碰撞检查"对话框中设置参数后，单击"应用"按钮即可（图 8-56）。"碰撞检查"完成后，则可通过"碰撞检查结果"查看碰撞列表，双击列表内的条目即可定位碰撞点所在区域，并高亮显示发生碰撞的两个支撑或埋件（图 8-57）。

图 8-56 碰撞检查

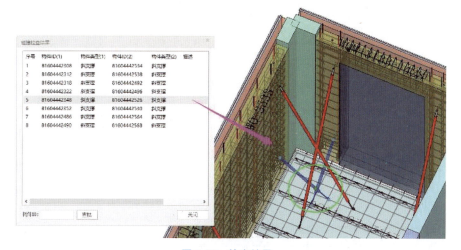

图 8-57 检查结果

8.7 图纸清单

8.7.1 编号

1. 编号生成

单击"图纸清单"选项卡中的"编号生成"功能按钮，在弹出的"编号生成"界面，直接输入区分各类构件的前缀字符，并勾选将要编号的构件类型。其中，双向叠合板／单向叠合板／全预制板可以共用构件前缀，其他构件前缀不可重复。最多可支持三级归并（以树状结构归并，第一级相同的构件再区分第二级，依此类推），当需要减少编号层级时，取消对应项的勾选即可。除第一级编号必须为数字外，后两级编号都可从数字、大写字母和小写字母中选择（图 8-58）。

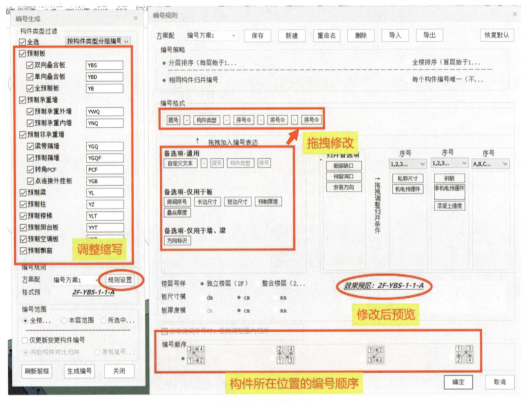

图 8-58 编号生成

2. 编号修改

需手动修改构件编号时，即可单击"编号修改"按钮，弹出停靠在左侧的"编号修改"对话框，同时视图区域的模型转换为灰显状态（图 8-59）。若需要原位修改叠合板编号，需在进入"编号修改"之前隐藏现浇层。

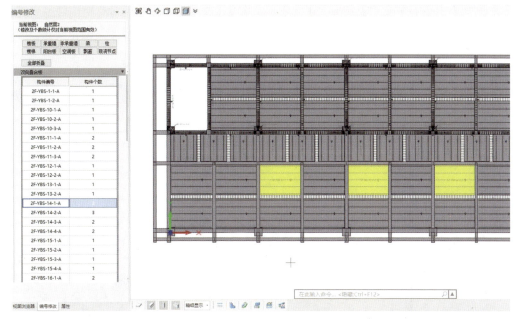

图 8-59 编号修改

"编号修改"对话框顶端会显示当前视图状态,当位于自然层时会显示层名称,当位于全楼视图时会显示全楼名称。单击各类构件按钮,下方会切换显示所选构件类型包含的预制构件列表。展开各类预制构件的折叠框,会显示模型中已有的该类预制构件的编号列表。编号列表里列出了构件编号及对应编号的构件个数,单击列表某一构件编号时,视图区会以黄色亮显该编号的所有构件。双击列表某一构件编号时,可进行编辑,用户可自由输入自己定义的任何编号形式,字母、字符、数字、汉字均可,输入后单击输入框外的任何地方即可完成修改。当修改了某一构件编号后,与之对应的所有构件编号均同步更新(图 8-60)。

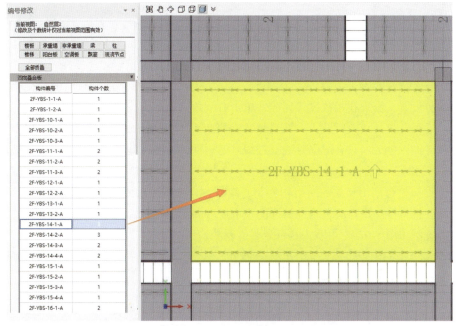

图 8-60 构件编号管理

双击视图区模型里的构件编号时,可进入原位修改状态。用户可对单个构件编号进行原位编辑,按回车键完成编辑(图 8-61)。当原位修改编号为新增编号时,编号列表会同步增加新增编号,构件个数也会同步刷新。

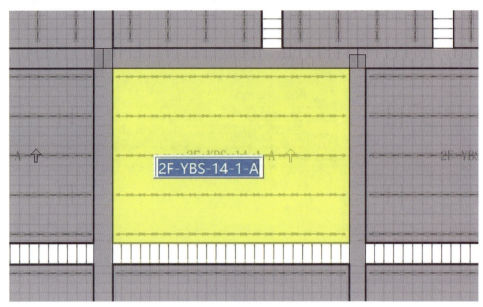

图 8-61 构件编号原位编辑

8.7.2 图纸生成

本部分仅讲解装配式构件详图的创建方法,平面图的创建方法与第 7 章类似,此处不再赘述。

1. 构件详图生成

用户使用该功能可以批量生成构件详图,该功能生成的图纸可以进行图纸合并,单构件临时出图生成的图纸不能用合并图纸功能进行图纸合并。

第一次单击"构件详图生成"按钮时,将默认打开"图纸配置"对话框,提醒用户进行图面参数设置。用户在参数设置完成并单击右下角"确定"按钮后,提示"出图后,将无法撤销,是否继续",单击"是",则进入"选择绘制"对话框,如图 8-62 所示,单击"否",则退出构件详图生成。只有配筋且进行过编号的构件,才能在此对话框中生成图纸。

"选择绘制"对话框中列出了所有构件类型、楼层号。选择需要出图的构件类型和楼层号后,构件一栏会列出相关的所有构件归并编号,勾选需要出图的构件编号,单击"出图"按钮,则会批量输出用户所选构件的详图,生成后的图纸可在"视图浏览器"中的"构件详图"分类查看(图 8-62),可双击构件条目查看相应图纸。

该对话框中的图纸可以进行快速多选操作,按 Shift 键或者 Ctrl 键进行多选,多选后勾选条目前的复选框完成一次性多选。

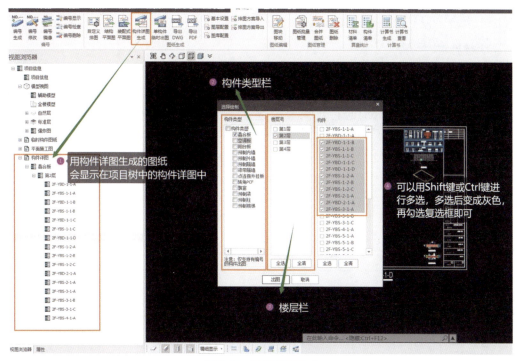

图 8-62　构件详图生成

2. 单构件临时出图

基于设计或出图需要,用户可在单击"单构件临时出图"按钮后,单击任一已拆分、配筋的预制构件,可以查看该构件的详图,可用于临时查看构件详图或单构件补充出图。通过该功能生成的构件详图可在"项目浏览器"的"临时构件图纸"中进行查看(图 8-63),可双击条目查看相应图纸。

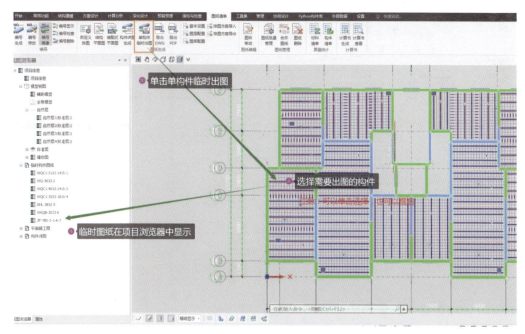

图 8-63　单构件临时出图

8.7.3 算量统计

1. 材料清单

单击"材料清单"图标,生成"材料统计清单"表格,可查看全部或每一类型的预制构件的数量、材料、体积、质量、钢筋用量、相关附件型号及数量等数据信息(图 8-64)。生成的数据表格可导出 Excel 进行处理。

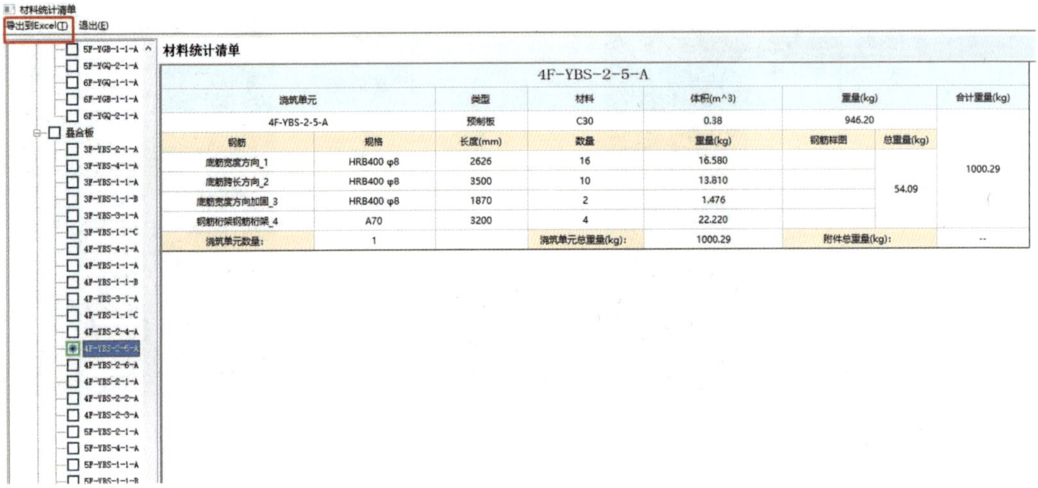

图 8-64 材料清单

2. 构件清单

单击"构件清单"图标,弹出"预制构件清单"对话框,选择要统计构件清单的楼层,生成"预制构件清单"表格,可分构件类型查看全楼或分楼层的不同编号预制构件相关几何尺寸、预制体积、质量、数量等数据信息(图 8-65)。生成的数据表格可导出 Excel 进行处理。

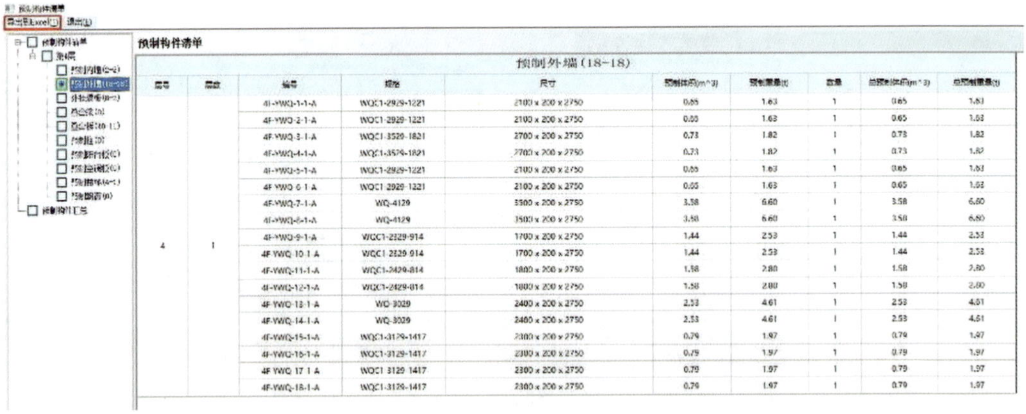

图 8-65 构件清单

8.7.4 计算书

1. 计算书输出

单击"计算书输出"图标，弹出"计算书输出"对话框，选择要输出的计算书类型，并设置各类型计算书的详细输出内容和指标统计项，单击"输出计算书"完成计算书的生成，如图 8-66 所示。勾选"合订输出"项，可将生成的各类型计算书合订为一个文档进行输出。"输出位置"为计算书生成的默认位置，目前程序暂不提供变更计算书输出位置的功能。

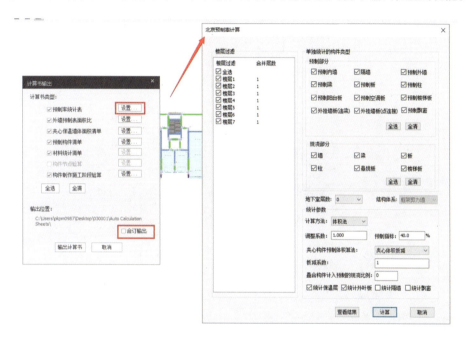

图 8-66 计算书生成

2. 计算书查看

单击"计算书查看"图标，弹出"计算书查看"对话框，选择要查看的计算书类型（仅查看已生成的计算书），程序自动弹出对应类型的计算书结果（图 8-67）。

图 8-67 计算书查看